物理学実験

東洋大学理工学部物理学教室 編

はしがき

本書は，大学の理工系初年次の学生が物理学実験を実施するにあたって，是非とも理解し心得ておくべき事柄を，選定されたいくつかの実験テーマに分けて平易に解説した手引書である．

ところで，ここでいう物理学実験は学生実験のことであって，以下のような目的をもっている．

1. 物理学実験を通してさまざまな物理現象に触れ，その背後にある物理法則を学ぶ．
2. 物理定数を求め，また各種の物理量の大きさを知る．
3. これら物理量の間の関係を調べる．
4. 実験装置の取り扱い方，および測定の仕方について学ぶ．
5. 数値の取り扱い方や実験誤差について理解し，その計算法を知る．
6. データの取り方と整理の仕方，およびそれらをレポートの形にまとめる方法を学ぶ．

これらの目的のために，本書は次のような構成になっている．

第 I 部：物理学実験における基礎知識

本書の使い方を含めて，一般的な実験装置の操作上の注意と実験値の処理法について述べてあるので，最初によく読み，自分なりに要点を整理しておくことを望む．履修ガイダンスで概要を説明するが，詳細については各自が自習すべき内容である．

第 II 部：物理学実験

物理学実験で実際に行う実験テーマの内容が詳細に記述されている．実験に臨むにあたって，各自がその日の実験テーマの内容を予習し，概要を心得ておく必要がある．これは，限られた時間内に正しい測定を効率よく行うためだけでなく，装置を正しく扱い安全に実験を行う上でも不可欠なことである．各テーマの構成は以下のとおりである．

目的：そのテーマの実験の目的や学習の動機づけになる背景などが記述されている．

原理：その実験で測定する物理量に対する原理や導出法が記述されている．できるかぎり数式を用いずに，その物理的な意味を平易に解説するよう努めた．

実験：その実験で使用する装置の説明や取り扱い方法，さらに，測定の仕方が具体的に記述されている．

実験結果の整理と課題：測定結果を整理し，所望の物理量を正しく得るための方法が記述されている．また，テーマによっては，関連のある課題や問題が出されているので，レポートには，その結果も記述することが期待される．

補足：そのテーマに関連が深く，学んでおくべき重要な事項や，実験の原理・方法に関わる重要な事項について，より詳細に述べている．やや複雑な式の導出過程や，学生が疑問に感じやすい点などについてもできる限り盛り込んでいる．

第 III 部：付録

単位系，物理定数表，参考文献，方眼用紙，受講確認票が掲載されている．測定結果との比較，報告書（レポート）への引用，測定結果の整理・表示の際に活用してほしい．本書に書き切れなかった事項については，参考書を頼りに学習を深めてほしい．

本実験書は理工系初年次の大学生を対象に書かれているが，基礎的な事項はほとんど網羅しているので，高学年の学生に課せられる専門的な実験・実習はもとより，さらには将来技術者として働く際の基本技術の入門書としても，大いに活用されることを期待する．

2011 年 9 月

東洋大学理工学部　物理学教室

目　　次

第 I 部

物理学実験における基礎知識

第1章

物理学実験に関する重要事項

1.1　実験前の準備事項

【実験に必要不可欠な準備】

(1)　実験ノート

物理学実験の専用ノートを用意する（A4版が使いやすい）．実験データや計算過程などすべてこのノートに記載する．実験ノートに記載されたデータは生の記録であり，後から清書する必要はない．ルーズリーフやレポート用紙など，切り離しができるものは，実験データなどの紛失につながる恐れがあるので使用しない．必ず綴じたノートを使用する．

(2)　関数電卓

実験中に四則演算はもちろん，対数，指数，三角関数の計算を行うので，関数電卓を準備する（将来，専門科目の実験でも必ず必要になる）．

(3)　実験前の下調べ

実験前に与えられたテーマの実験目的および原理（基礎となる理論）を理解しておくことが重要である．毎回の実験前にこのテキストおよび参考書などで勉強しておく．また，実験装置の取り扱いなどについても調べておく．実験当日は，スムーズに実験を行えるよう共同実験者と打ち合わせをしておく．

1.2　実験時における注意

実験中における注意事項を以下に列挙する．安全管理上または実験をスムーズに行う上で必要なルールなので厳守すること．

【実験室は常に飲食禁止】

食べ物の汚れが実験機器を壊す可能性がある．また，実験室には体内に入ると有害な物質もある．飲食物を持ち込まないこと．

【実験開始時までに準備を終えていること】

実験開始時には着席し，カバンやコートなどの荷物を机下にしまい，実験の準備を終えていること（テキスト，実験ノート，電卓などを用意）．

【実験終了時には担当教員から確認を受けること】

実験が終了したら実験やデータ整理の方法などに不備がないかどうか，実験ノートとデータ（グラフ，表など）を担当教員に提出しチェックを受けること．

【実験ノートを適切に使用すること】

実験データはもとより，実験中に気づいたことや担当教員からのアドバイスなど，どんな細かなことでも実験ノートに書き込む．必要ないと思って消しゴムで消した事項が，後になって必要なデータであったと気づくことがある．間違ったと思っても消さないこと．実験ノートはボールペンで記載することを勧める（消しゴムで消せないように）．

【実験器具を勝手に移動させないこと】

精密実験機器などは移動させると実験精度が低くなったり，高電圧実験装置では感電の恐れがある．勝手に触れたり移動させたりしないこと．

【実験中に何か不具合を感じた場合は申し出ること】

実験中に機器が壊れた場合は速やかに実験担当者に申し出る．また，実験中は五感を常にはたらかせ，異常な状態を感じた場合は（焦げ臭い，騒音がする，異常に熱いなど），ただちに担当教員に申し出ること．

【実験担当教員の指示に従うこと】

危険な行為や他の実験者に対して迷惑な行為があった場合は，実験担当教員より注意がある．安全確保のため必ず従うこと．

1.3 実験を欠席した場合

必ず実験担当者に申し出ること．実験科目は通常の講義科目と違い，すべての実験テーマを履修しレポートを提出しないと単位取得は難しい．病気，忌引き，クラブの試合など正当な理由があって欠席した場合は，**補充実験**（特別な日程で行う）を認めるので，欠席した翌週に必ず実験担当者に申し出て，補充実験の受講の手続きを行うこと．担当教員より**追実験申請書**をもらい必要事項を記入し提出する．その際，正当な理由を証明するものを持参すること（病院の領収書，診断書など）．

1.4 レポート提出に関する注意

レポートは手書き，パソコンどちらで作成してもかまわない．4年次に作成する卒業論文はパソコンで書くので，物理学実験のレポートでパソコンに慣れておくことを勧める．手書きの場合はペンあるいはボールペンを使用する．実験はレポートの提出･受理をもって終了する（実験をただやっただけではだめ）．レポートを提出しない場合，単位取得は極めて難しいので，必ずレポートを提出すること．レポートの締め切りは，ガイダンスの時に指示する．また，レポートの提出方法についてもガイダンス時に指示する．締め切りに遅れた場合はレポートの点数は減点される．しかし，提出しないよりは，はるかにましなので，遅れても必ず提出すること．正当な理由（病気，忌引き，クラブの試合など）で提出期限に間に合わない場合は，実験担当者に申し出ること．特別に1週間の延長を認める場合がある．なおレポートの書き方については，第2章「レポートの書き方」を参照すること．

1.5 その他の注意事項

(1) 物理学実験に関する連絡事項は6号館入り口，6号館3階エレベータホール掲示板に掲示するので実験開始前あるいは後に必ず確認すること．

(2) レポート，補充実験申請などの届け出の郵送は認めない．

(3) 万一，履修者が定員を超えた場合は抽選を行うので，学期開始時には掲示などで確認すること．

第2章

レポートの書き方

実験レポート作成の目的は，実験の成果を他の人に伝えることにある．理工系の学問を学ぶ諸君にとって，実験レポートを作成する機会は今後ますます多くなる．レポートのまとめ方を修得することは，理工学部の学生にとって，入学初期段階で身に付けておくべき素養の1つといえる．ここでは，物理学実験のレポートを例にその作成の仕方を説明する．この中には一般的なレポート作成にも役立つ事項が多く含まれるので，諸君の将来に大いに役立つものと考えられる．以下にレポートに記載すべき内容と書き方を具体的に説明する．

2.1 レポートに記載すべき事項

物理学実験のレポートに記載すべき事項を図2.1に示す．レポートの1枚目は表紙であり，ここには実験テーマ，学籍番号，氏名などを記載する．この表紙は実験中に担当者から配布されるので，必要事項を記入して使用すること．2枚目以降には，目的，原理（理論），実験方法，実験結果の整理，レポート課題および考察，参考文献を記載する．この順序で記載するのが一般的である．

2.2 レポートの書き方

前説で述べた各項目の具体的な内容および書き方について説明する．なお，以下に示すことは一例であり，これを基に諸君自身でよりよいレポートになるよう工夫することを奨励する．

1. 目的

レポートの最初には実験の目的を記載する．どのようなことを理解するために，どのような実験を行ったのかを簡潔にまとめて書くことが重要である．また，レポート作成の開始時に，自分自身で実験の目的を再度確認することにより，この目的に沿ったデータ整理や考察を行うことができる．

2. 原理（理論）

ここでは実験に関連する原理や理論を記載する．どのような物理法則を利用して何を解明し理解しようとしているのかを書くことが重要である．また，後の考察で必要となる原理や数式はこの部分に記載することが必要である．

この原理の部分では，文章と数式を用いることが一般的である．数式を書く場合には，図2.2の例のように式の文字や記号が何を示しているのか文中で説明する．また，式に番号を付けておくと後で引用するときに便利である．

3. 実験方法

原理を記述した後には，実際に行った実験の内容について簡潔にわかりやすく記載する．科学・技術分野では，追試といって他人がやった実験が正しいかどうか確かめることがある．諸君の書いたレポートを読んで同じように実験が再現できるように以下の事項について説明する必要がある．

【実験器具・装置の概要】

実験で使用した器具や装置の概略を説明する．このとき，文章だけでなく図などを使用して説明するとよい．たとえば，図2.3に示すレポートでは，実験で使用した器具と装置の概略が書かれている．これにより，どのような装置でどんな実験を行ったのか非常に理解しやすくなる．

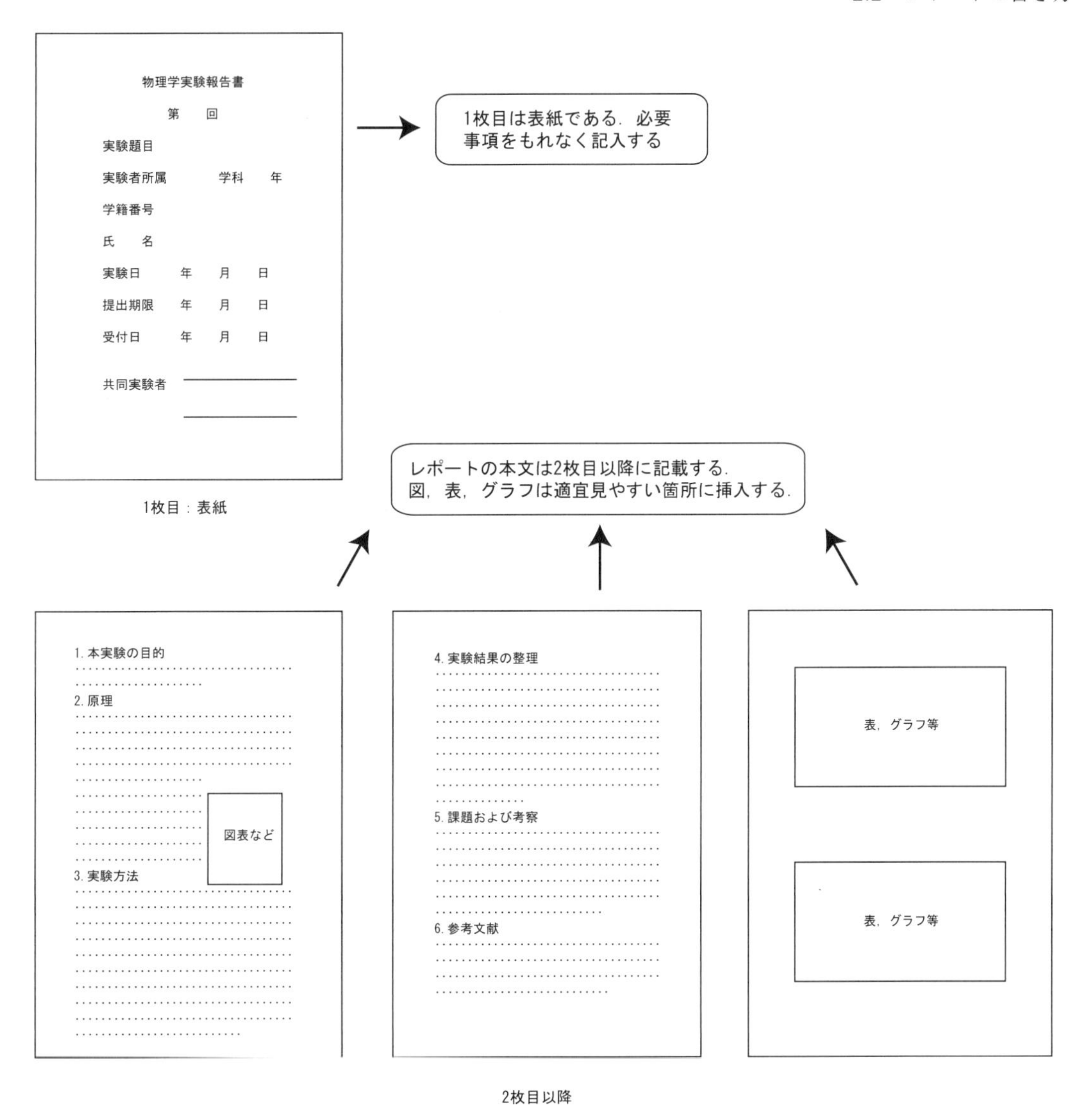

図 **2.1**　レポートの構成

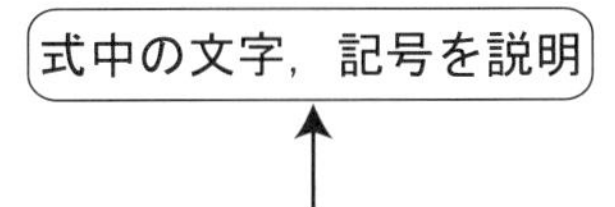

抵抗Rに電圧Vを印加したとき，この抵抗に流れる電流Iは，

$$I = \frac{V}{R} \qquad (3)$$

→ 式には番号をつける

となる．測定回路では，$V = 3.0\text{V}$, $R = 200\Omega$ なので，式(3)から流れる電流 I_1は，

$$I_1 = \frac{3.00}{200} = 0.015\text{A}$$

となり，I_1は15mAであることがわかる．

図 **2.2**　式の書き方

【実験手順】

実際に行った実験の手順を時系列に従って簡潔に理解しやすいように説明する．この実験手順に関しては箇条書きが見やすくてよい．図2.3に示す例では「同様の実験を行う」との表現で，説明が冗長にならないように工夫されている．

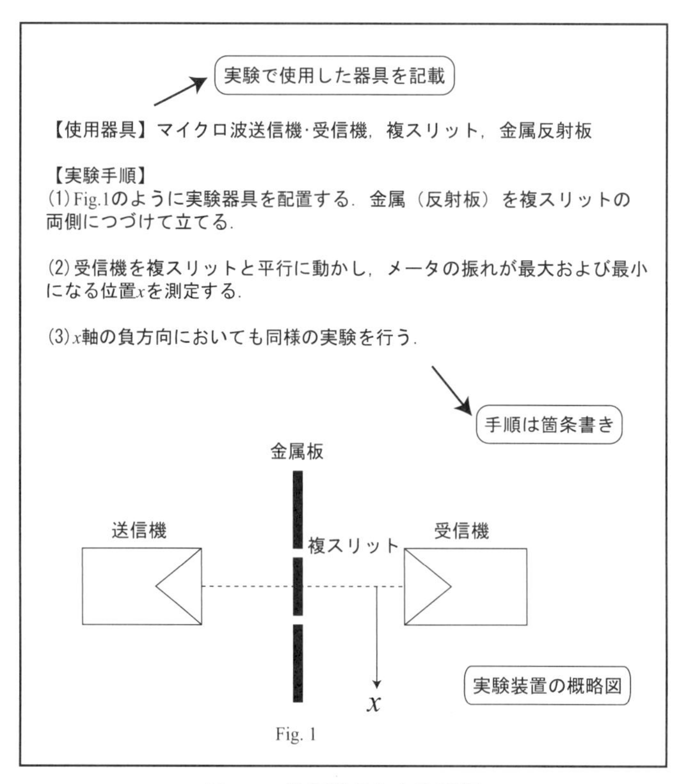

図2.3　使用器具と実験手順

【実験中の注意事項】

実験中に特に注意しなくてはいけなかったことや気づいたことがあれば記載する．特に高電圧や熱源を使用するときの注意などは事故を防止するという意味で多いに役立つ．

4．実験結果の整理と課題

実験データは一般に数値として得られる．実験データを誰が見ても見やすく，誤解を与えないようにまとめることが科学・技術の分野では非常に重要である．実験データは表やグラフにまとめることが多い．そのために基本的なルールがあるので，以下に説明する．

【実験結果の整理】

表やグラフには，それぞれ「番号」，「表題」を付ける．「表1」，「Table1」，「図1」，「Fig.1」などを使用し，これらの番号は通し番号でふられることが通例となっている．図2.4に実験データを表にまとめた例を示す．表の題名は上に記載し，物理量を表す単位を明確に示すこと．図2.5に2種類の電気抵抗に電圧を印加したときに流れる電流を測定した場合のグラフを示す．グラフの表題は下に記載する．必ずグラフの両軸の物理量や単位，目盛りの大きさを明記しなくてはいけない．測定点についてもグラフ中に明示する．1つのグラフに複数のデータを記載する場合，実験データごとにプロットの記号（●，■など）を変える．

【レポート課題および考察】

実験担当教員からレポート課題が出されることがある．一般に取得した実験データを基に他の物理量を計算で求める課題が多い．レポートには，単に解答のみを書くのではなく，解答にたどり着くまでの過程も明記すること．

考察では各自が行った実験の方法，正確さ，条件などを検討する．実験における考察は感想ではないことに注意すること．考察の一例として，実験から得られた結果と物理定数表，化学便覧，理科年表などから引用した値との比較

表1　印加電圧と電流の関係 → 表の表題は上に書く

電圧［V］	サンプル1	サンプル2
	電流［mA］	電流［mA］
1.0	1.1	2.0
2.0	1.9	3.9
3.0	3.0	6.1
4.0	3.8	7.7
5.0	5.1	10.2
6.0	6.1	12.0
7.0	6.9	14.1
8.0	8.0	16.0
9.0	9.1	17.0

図 **2.4**　表の書き方

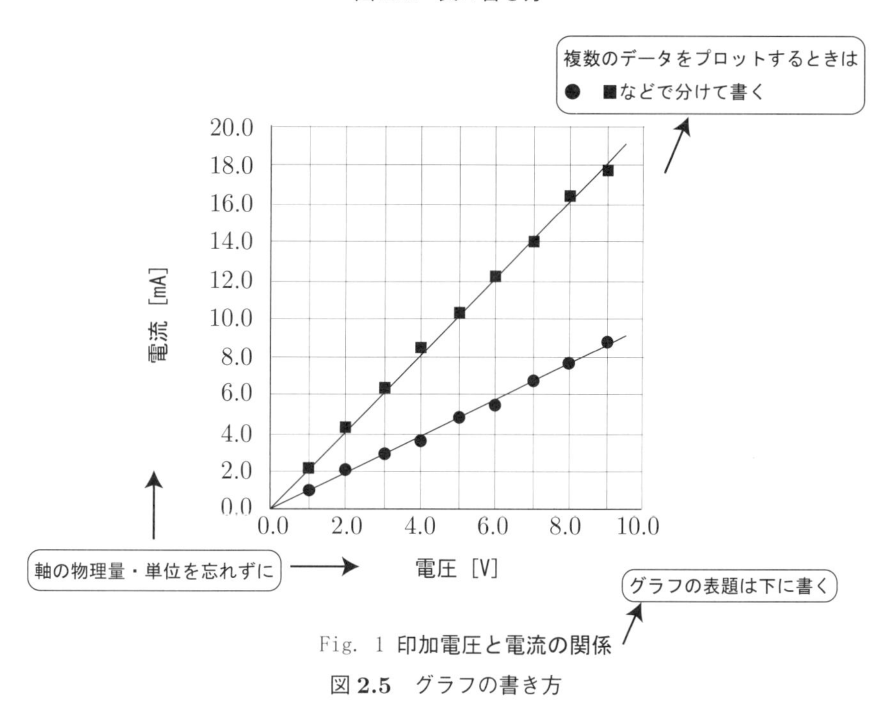

図 **2.5**　グラフの書き方

があげられる．この場合，当然のこととして誤差がある．これを定量化（標準偏差）したり，誤差の原因を測定原理や精度から考えることも考察の例としてあげられる．また，結果の数値だけを考察するのではなく，結果が物理的にどのような意味をもっているのかを考え，文献などで調べて検討することもとても重要である．

【参考文献】

文献（専門書，理科年表，インターネット上などの情報）を引用してレポートに記載した場合は，必ずその出典を明記しなくてはならない．無断で転載しないよう注意すること．なお，ウィキペディア (Wikipedia) などに記載されている情報は，時折，不正確なものがあるので，必ずその真偽を図書館にある専門書などで確かめること．

第3章

単位と次元

3.1　はじめに

ここでは，物理を学ぶ上で非常に重要な**単位**および**次元**について，また，単位の換算や接頭語などついて簡単にまとめてある．

3.2　基本単位と組み立て単位

物理学で扱う量には必ず単位というものがある．たとえば，速さは1秒あたり何m進むというように，長さ(m)と時間(s)の単位から作られる．すなわち，速さの単位は(m/s)である．このようにいろいろな物理量の単位は，長さや時間などの基準になる**基本単位**を定めると，それから定義や法則をもとにして組み立てられる．この基本単位は，**MKS単位系**では，

MKS単位系

長さ(m),　質量(kg),　時間(s),　電流(A（アンペア）)

である．現在ではこの単位系が標準とされているが,

CGS単位系

長さ(cm),　質量(g),　時間(s),　電流(A（アンペア）)

を基本単位とする**CGS単位系**も用いられることがあるので，実験をスムーズに行うためには，これらの間の**単位の換算**には慣れておく必要がある．主な物理量の単位を**第III部 付録A**に掲げてあるので参照のこと．

【単位の用い方の例】

力の単位はN（ニュートン）であるが，これは，長さ(m)，質量(kg)，時間(s)の基本単位を用いて，

$$\mathrm{N} = \mathrm{kg \cdot m/s^2} = \mathrm{kg \cdot m \cdot s^{-2}}$$

のように表す．また，分母に2つ以上の単位を記す場合は，以下に示すように括弧$(\cdots)$を付けるか，指数を用いてすべて積$(\cdot)$で表す．

$$\text{熱伝導率の単位：}\quad \mathrm{W/(m \cdot K) = W \cdot m^{-1} \cdot K^{-1}}$$

ここで，W/m/KやW/m·Kは不可である．ちなみに，W（ワット）は仕事量（電力）の単位で，$\mathrm{W = J/s = kg \cdot m^2/s^3}$であり（J（ジュール）はエネルギーまたは仕事の単位．$\mathrm{J = kg \cdot m^2/s^2}$），K（ケルビン）は絶対温度の単位であり，**国際単位系（SI単位系）**における基本単位である．国際単位系については**第III部 付録A**を参照のこと．

3.3　10^n の接頭語

物理では非常に大きな数や非常に小さな数を扱う場合がある．そのときに，たとえば，100000 m だとか，0.000001 kg のように，0 を多く並べることは避けるべきである．このような場合，1×10^5 m や 1×10^{-6} kg のように 10^n を用いて表し，場合によっては，10^n の接頭語を用いて表す．たとえば，$0.000001\ \mathrm{kg} = 1 \times 10^{-6} \times 10^3\ \mathrm{g} = 1 \times 10^{-3}\ \mathrm{g} = 1\ \mathrm{mg}$ などのように表す．また，接頭語は重複して用いないので注意しよう．たとえば，$\mathrm{Mg} = 10^6\ \mathrm{g} = 10^3\ \mathrm{kg}$ であるが，kkg は不可である．**第 III 部 付録 A** に 10^n の接頭語をまとめておくので参照のこと．

3.4　単位の換算

水の密度（単位体積あたりの質量）は 4°C で約 0.999973 g/cm^3 である．つまり，角砂糖くらいの体積を占める水の質量が約 1g である．この CGS 単位系で表された水の密度を MKS 単位系で表してみよう．まず，

$$1\ \mathrm{g} = 1 \times 10^{-3} \times 10^3\ \mathrm{g} = 1 \times 10^{-3}\ \mathrm{kg} \quad (\mathrm{k}\,(\text{キロ}) = 10^3)$$

$$1\ \mathrm{cm} = 1 \times 10^{-2}\ \mathrm{m} \quad (\mathrm{c}\,(\text{センチ}) = 10^{-2})$$

であるから，

$$0.999973\ \mathrm{g/cm^3} = 0.999973 \frac{10^{-3}\ \mathrm{kg}}{(10^{-2}\ \mathrm{m})^3} = 0.999973 \frac{10^{-3}\ \mathrm{kg}}{10^{-6}\ \mathrm{m^3}} = 0.999973 \times 10^3\ \mathrm{kg/m^3} \tag{3.1}$$

となる（注意：cm^3 は，c × m^3 ではなくて，(cm)^3 である）．したがって，1 m^3 の大きさの箱（浴槽より少し大きいぐらい）に水を溜めると，その水の質量は約 $1 \times 10^3\ \mathrm{kg} = 1\ \mathrm{t}$（トン）になるが，水の密度自体は変化していないことに注意しよう．単位の換算によって，長さと質量の基準が変化しただけである．この密度のように，単位○○あたりの□□という量は物理ではよく現れる．その際，1 cm^3 あたりの質量 (g) なのか，1 m^3 あたりの質量 (kg) なのか，常に単位に気を配る習慣を身に付けよう．また，2 つ以上の物理量どうしを足したり引いたりするときは必ず単位をそろえること．たとえば，質量 1 kg の水に質量 500 g の水を加えると何 kg になるかは，

$$1\ \mathrm{kg} + 500\ \mathrm{g} = 1\ \mathrm{kg} + 0.5\ \mathrm{kg} = 1.5\ \mathrm{kg}$$

である．

【単位の換算で物の量をイメージできるようになろう】

実験データ解析の計算で，たとえば，100 cm = 1 m とするはずなのに，単位を見落として 100 m で計算し，計算が合わないと嘆いている学生諸君をよく見かける．実験棟内の机上の測定で長さが 100 m になるはずがない．これは，普段から日常生活で用いている物の量に気を配っていれば防ぐことができるミスである．自分でいろいろな例を考えてみて物の量の大きさがイメージできるようになろう．そのためには，自分なりの量の基準をもっておくとよい（たとえば，手を広げるとその長さがだいたい 20 cm ぐらい，歩く速さはだいたい時速 4 km で秒速 1 m くらいなど）．

- 体積 1 L（リットル）の牛乳パックの質量は約 1 kg であるから，1 t は牛乳パック約 1000 本分の質量である．したがって，1 L は，$1\ \mathrm{L} \times 1000 = 1\ \mathrm{m^3}$ から，$1\ \mathrm{L} = 1 \times 10^{-3}\ \mathrm{m^3}$ である．
- 日本周辺の平均気圧は 1013 hPa（ヘクトパスカル）である．1 h は 1×10^2 で P（パスカル）は圧力を表す単位で $\mathrm{N/m^2} = \mathrm{kg/(m \cdot s^2)}$ である．
- 1 ha（ヘクタール）は 1 平方ヘクトメートルなので，$1 \times (10^2\ \mathrm{m})^2 = 10000\ \mathrm{m^2}$ である．これは一辺の長さが 100 m の正方形の面積に等しいから，だいたい野球場の面積ぐらいである．
- 携帯電話の周波数は 2.0 GHz（ギガヘルツ）帯を使っている．電磁波の速さは 3.0×10^8 m/s であるから，波長でいうと，$3.0 \times 10^8/(2 \times 10^9) = 1.5 \times 10^{-1} = 0.15\ \mathrm{m} = 15\ \mathrm{cm}$ である．これはマイクロ波領域であり，電子レンジが発する電磁波の波長程度である．

3.5　次元

長さの単位は，m や cm などがあり，単位系によって使われるものが異なる．しかし，どの単位系を使おうとも長さという概念は同じである．そこで，単位系に限らず長さというものを表すのに**次元**というものが用いられる．長さの次元は Length の頭文字をとって，L，質量の次元は Mass の頭文字をとって，M，そして，時間の次元は Time の頭文字をとって，T である．これらを，[長さ] = [L], [質量] = [M], [時間] = [T] と表す．これらを用いると，たとえば，速さの次元は

$$[\text{速さ}] = [\mathrm{LT}^{-1}]$$

となる．次元式は L, M, T の順に書き，分数式 L/T は用いないので注意しよう．表 3.1 に，いろいろな物理量の次元式と単位 (MKS) をまとめておく．今後，物理量を考えるときは必ず，次元と単位を念頭におこう．

表 3.1　さまざまな物理量の次元と単位 (MKS)

物理量	次元	単位 (MKS)
長さ	L	m
質量	M	kg
時間	T	s
速さ	LT^{-1}	m/s
加速度	LT^{-2}	$\mathrm{m/s^2}$
力	LMT^{-2}	$\mathrm{kg \cdot m/s^2}$
運動量	LMT^{-1}	$\mathrm{kg \cdot m/s}$
エネルギーまたは仕事	$\mathrm{L^2MT}^{-2}$	$\mathrm{kg \cdot m^2/s^2}$

【次元解析ー計算を始める前の強力な武器ー】 ここでは，簡単に次元解析について述べておく．この次元解析は，ある求めたい物理量の式の形を推定するのに非常に役立つ裏技である．

【例題】　質量 m (kg) のボールを速さ v (m/s) で真上に投げたときの最高到達点の高さ h (m) を求めよ．ただし，重力加速度の大きさを g (m/s^2) とする．

これを次元解析を用いて，高さ h の式の形を推定してみよう．

高さの次元は [L] であるから，質量 m，速さ v，重力加速度 g をうまく組み合わせて，これらの次元が [L] になるようにする．したがって，**組立式**を

$$h = cm^x v^y g^z \tag{3.2}$$

とおこう．ここで，c は**無次元**の定数である．すなわち，c の次元式を $[c]$ とすると，$[c] = 1$ である．両辺の次元が等しいから，次元式は，

$$[\mathrm{L}] = [\mathrm{M}]^x([\mathrm{L}][\mathrm{T}]^{-1})^y([\mathrm{L}][\mathrm{T}]^{-2})^z = [\mathrm{L}]^{y+z}[\mathrm{M}]^x[\mathrm{T}]^{-y-2z} \tag{3.3}$$

となる．これから両辺を比べて，x, y, z を決める式は，

$$x = 0, \quad y + z = 1, \quad -y - 2z = 0, \tag{3.4}$$

となり，これらを解くと，

$$x = 0, \quad y = 2, \quad z = -1 \tag{3.5}$$

となる．式 (3.2) にこれら x, y, z の値を入れて，最高到達点における高さ h は

$$h = cm^0 v^2 g^{-1} = c\frac{v^2}{g} \tag{3.6}$$

となる．この無次元の定数 c は次元解析からでは求めることができない．実際に運動方程式などを解いて計算すると $c = \frac{1}{2}$ となる．しかし，運動方程式を解くことなく次元解析のみを用いて，求めたい物理量の式の形を推定することができるので，計算結果の間違いを防ぐことができる．

第 4 章

測定と誤差

4.1 測定と誤差

物理学の実験では測定する物理量の定量的な評価が必要であり，その測定には**直接測定**と**間接測定**がある．直接測定とは棒の長さを物差しで，あるいは気温を温度計で測るように，測定しようとする量の**単位**で目盛られた計量器を用いて直接比較する方法である．一方，間接測定とは，直径と高さを測定して円柱の体積を求めるように，直接測定できる物理量と求める物理量との間の関係を利用して目的の量を得る方法である．

しかしながら，実験で得られる測定値には必ず**誤差**が伴い，その**真の値**を知ることはできない．誤差は，

誤差＝測定値－真の値

で定義される．したがって，物理学の実験ではこの誤差の評価が必ず必要になってくる．以下，誤差の評価にともなう計算の仕方について解説する．

4.2 有効数字

測定値には必ず誤差が伴っているので，計算における**有効数字**の最小必要限度の桁数をどこまでとるべきかに注意を払う必要がある．測定値として読み取った有効数字の最下位の数字は，少なくとも ± 1 程度に不確かである．たとえば，最小目盛り 1 mm の物差しで得られた 21.3 mm では，最下位の 3 は目分量であるから少なくとも ± 1 の程度に不確かである（図 4.1）ので，真の値を X とすると，X は

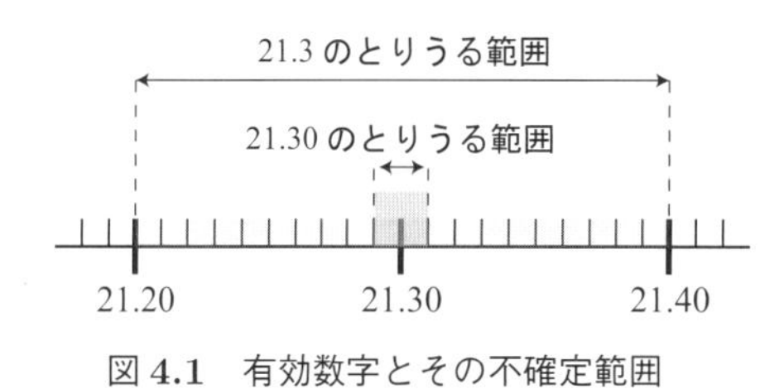

図 4.1　有効数字とその不確定範囲

$$21.2 < X < 21.4 \quad \text{あるいは} \quad X = 21.3 \pm 0.1 \ (\mathrm{mm})$$

の範囲にある．この数値の有効数字は 3 桁である．一方，最小目盛り 0.1 mm の物差しで得られた 21.30 mm は，最下位の 0 が少なくとも ± 1 の程度に不確か（図 4.1）で，X は

$$21.29 < X < 21.31 \quad \text{あるいは} \quad X = 21.30 \pm 0.01 \ (\mathrm{mm})$$

の範囲にある．この場合，有効数字は 4 桁であるから，有効数字 3 桁の測定値に比べて精度は 1 桁高い．したがって，これらの不確かさが計算結果の最下位の数字に影響しない範囲で有効数字の桁数の計算を行えば十分であって，それ以上に多くの桁数の計算をしても意味がない．このことから，計算結果の四捨五入はどの桁で行うかが必然的に定まる．

【有効数字の桁数】

たとえば，1234000 の最終の 3 桁の 000 は正確な値を意味しており，有効数字は 7 桁である．一方，0.00012340 の 1 の前の 0.000 は位どりのためのもので有効数字を表すものではなく，最終の 0 は有効数字を表す 0 であるから，この場合，有効数字は 5 桁である．

【例】

1.23 $\cdots$ 有効数字 3 桁，　1.230 $\cdots$ 有効数字 4 桁，　0.123 $\cdots$ 有効数字 3 桁

0.0123 ⋯ 有効数字3桁 → 1.23×10^{-2},　　0.01230 ⋯ 有効数字4桁 → 1.230×10^{-2}

上の例のように，位どりの0を並べて書くのはあまり好ましくない．この場合は，指数を使って $\cdots \times 10^{n}$ の形に書くようにすれば，誤読，計算ミスを防ぐことができる．同様に，有効数字3桁で5670000を表したい場合は，5.67×10^{6} と表す．

【足し算・引き算】

$a = 13.57$ cm, $b = 0.246$ cm, $c = 0.0567$ cm で $a + b - c$ の計算をする場合，a, b, c, それぞれの最後の桁に少なくとも ±1 の程度の不確かさがあるので，この中で一番不確かさの桁が大きい a の小数点第2位の7を基準にとる．四捨五入の計算誤差を測定誤差よりも小さく押さえるために，基準の桁の次の桁までとって計算してから四捨五入して，基準の桁までの有効数字とする．

$$13.57 + 0.24\underline{6} - 0.05\underline{67} = 13.57 + 0.24\underline{6} - 0.05\underline{7} = 13.75\underline{9} = 13.76 \text{ cm}$$

【掛け算・割り算】

掛け算の場合，有効数字が最も少ない測定値を基準の桁数とし，それより1桁だけ余分に計算してから，その余分の桁の四捨五入を行う．たとえば，長方形の面積 $S = ab$ の測定値 $a = 13.57$ cm および $b = 4.56$ cm による計算では，b が最小有効桁数の3桁である．a と b のそれぞれの最下位の数の $\underline{7}$ と $\underline{6}$ はいずれも少なくとも ±1 の不確かさがあるので，下の演算における下線部分の数字には誤差が含まれている．したがって，計算結果の下線部分には誤差があるので，小数点第2位を四捨五入し小数点第1位までを残し，$S = 61.9$ cm^2 とし，有効数字3桁で表す．

割り算の場合，下の演算から，商の小数点第4位の3に対する余剰の5桁の数字はすべて誤差を含んでいるので，これ以上演算を施しても無意味である．したがって，結果は0.5043とすればよい．

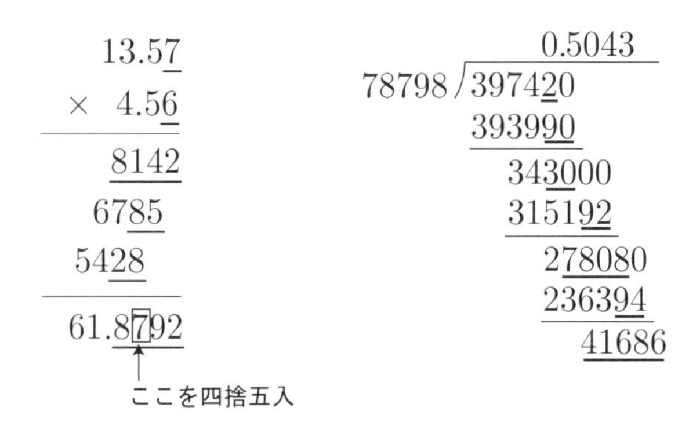

図4.2　掛け算と割り算の例

4.3　式の近似について

ある実験値を計算により評価しようとする際に，その値が基準となる値に比べて十分小さい場合がある．このとき，以下で示すように式を簡単化することができ，それによる誤差は結果に影響せず無視することができる．

【さまざまな関数の展開式】

x が十分小さいとき，すなわち，$x \ll 1$ のとき，

$$(1 \pm x)^{n} \simeq 1 \pm nx \tag{4.1}$$

$$\sin x \simeq \tan x \simeq x \tag{4.2}$$

$$\cos x \simeq 1 \tag{4.3}$$

$$\tan x \simeq \sin x \simeq x \tag{4.4}$$

【例】　$x = 0.01$ として，$(1 + x)^2$ を考えてみよう．まず，正確な値は

$$(1 + x)^2 = (1 + 0.01)^2 = 1.0201$$

である．次に展開式を使って評価してみると

$$(1+x)^2 \simeq 1+2x = 1.02$$

となり，これらの差は 0.0001 となり，x に比べて無視することができる．

4.4 相対誤差

物理学の実験で評価する実験値は，直接測定量である長さ質量，時間などに関係する式で表される，すなわち，間接測定量である場合が多い．このとき，直接測定量には必ず誤差が含まれており，その測定値を関係式に代入して得られる量もまた誤差を含んだ値となる．したがって，評価する測定量の誤差をどの程度までに抑えるかは，直接測定量の誤差をどこまで小さくするかで決まってくる．

【相対誤差の評価例】

単振り子の長さ l と周期 T の測定による重力加速度の大きさ g の決定を例に考えてみよう．単振り子の周期 T は

$$T = 2\pi\sqrt{\frac{l}{g}} \tag{4.5}$$

で与えられるので，これを g について解くと，

$$g = \frac{4\pi^2 l}{T^2} \tag{4.6}$$

となる．右辺の π, l, T における誤差をそれぞれ，$\Delta\pi, \Delta l, \Delta T$ とすると，g の値は，

$$4\frac{(\pi-\Delta\pi)^2(l-\Delta l)}{(T+\Delta T)^2} < g < 4\frac{(\pi+\Delta\pi)^2(l+\Delta l)}{(T-\Delta T)^2} \tag{4.7}$$

の範囲にある．ここで，$\Delta T \ll T$ などであるから，

$$(T \pm \Delta T)^{-2} = T^{-2}\left(1 \pm \frac{\Delta T}{T}\right)^{-2} \simeq \frac{1}{T^2}\left(1 \mp 2\frac{\Delta T}{T}\right) \tag{4.8}$$

のように，前節の式の展開を用いることができて，式 (4.7) は，g の誤差を Δg として，

$$g - \Delta g < g < g + \Delta g, \quad \rightarrow \quad 1 - \frac{\Delta g}{g} < 1 < 1 + \frac{\Delta g}{g}, \tag{4.9}$$

$$\frac{\Delta g}{g} = \frac{\Delta l}{l} + 2\frac{\Delta T}{T} + 2\frac{\Delta\pi}{\pi} \tag{4.10}$$

となる．これにより，g の誤差 Δg を g で割ったものは，直接測定量の誤差の和で表すことができる．このように，誤差を真の値で割ったものを**相対誤差**という．これから，g の相対誤差 $\Delta g/g$ をたとえば，0.001 より小さくしたい場合は，上の式の右辺の各相対誤差を少なくとも 0.001 より小さくしなければならない．たとえば，$T = 2$ s, $l = 1000$ mm ならば，$\Delta T < 0.001$ s, $\Delta l < 1$ mm, $\Delta\pi < 0.0015$ としなければならない．l の測定では種々の補正を加えねばならないので，実際には JIS 精度 80 μm の精度金属直尺を用いても，$\Delta l < 1$ mm は必ずしも容易でない．周期の測定にストップウォッチを使う場合には，指先の動作の誤差だけでも 0.1 s 程度に達し，ウォッチ自体の相対精度が 10^{-4} 程度の場合には，$\Delta T < 0.001$ s を確保するには特別の工夫を必要とする．$\Delta\pi$ については，$\pi = 3.1416$ にとれば $\Delta\pi < 0.0001$ であるから影響がない．

【例題】 質量 m，半径 r の金属球の密度 ρ の相対誤差を 0.01 程度にするためには，質量 m，半径 r の相対誤差をどの程度にとらなければならないか．また，π はいくらにとればよいか．

【解答】 金属球の体積 V は $V = (3/4)\pi r^3$ であるから，金属球の密度は

$$\rho = \frac{m}{V} = \frac{4}{3}\frac{m}{\pi r^3} \tag{4.11}$$

である．質量 m，半径 r，円周率 π の誤差をそれぞれ，$\Delta m, \Delta r, \Delta\pi$ とすると，密度の相対誤差は

$$\frac{\Delta\rho}{\rho} = \frac{\Delta m}{m} + 3\frac{\Delta r}{r} + \frac{\Delta\pi}{\pi} \tag{4.12}$$

となるので，これが 0.01 程度になるためには，右辺の各項の相対誤差が 0.002 程度になればよい．円周率については，$\Delta\pi = 3.1416 - 3.14 = 0.0016$ としておけば，

$$\frac{\Delta\pi}{\pi} = \frac{0.0016}{\pi} \simeq 0.0005 \tag{4.13}$$

となるので，$\Delta m/m$, $3\Delta r/r$ に比べて無視できる．

4.5　最小 2 乗法による実験式の決定

同一条件で何度も実験を行い，最も確からしい測定値を求めるためには，得られた測定値を平均すればよい．しかし，条件をいろいろ変えて実験する場合には，それらの測定値を平均するわけにはいかない．

たとえば，2 つの物理量 x と y の間に $y = a + bx$ のような直線関係の式が成り立つものと考える．しかし式には a と b の 2 つの定数を含んでいるので，この 2 つの定数を実験で得た値から計算しなければならない．そのためには，x の値をいろいろ変えて，そのときの y の値を測定すればよい．例としては，

(1)【導体の抵抗 R と温度 t の関係】

$$R = a + bt \tag{4.14}$$

(2)【半導体の抵抗 R と絶対温度 T の関係】

$$\log(R/\Omega) = a + \frac{b}{T/\mathrm{K}} \tag{4.15}$$

などがある．

今，実験の結果，測定値の組 (x_i, y_i) $(i = 1, 2, \cdots, n)$ が表 4.1 のように得られたとする．

表 4.1　測定値の組

x の値	x_1	x_2	$\cdots$	x_n
y の値	y_1	y_2	$\cdots$	y_n

これをグラフに描くと測定誤差のために図 4.3 のように各測定値はばらつくであろう．そのため，勘や目分量で直線を引いてそれから a と b を求めようとすると，定規のあて方によっていろいろな直線ができるので正確に a と b を決めるためには測定値 (x_i, y_i) を使って計算によって最も確からしい a と b を求めるのがよい．その方法の 1 つが**最小 2 乗法**である．

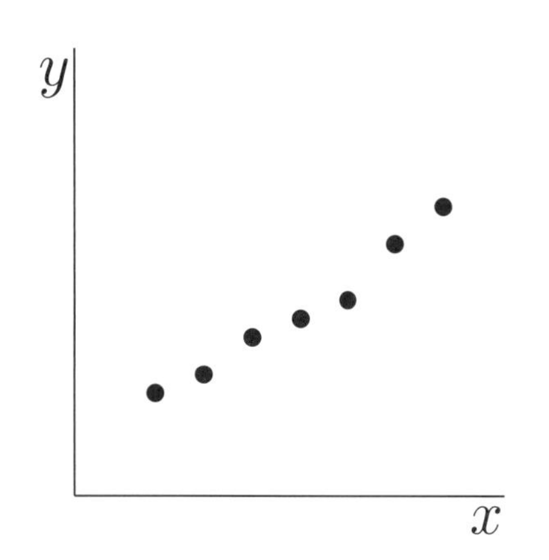

図 4.3　測定値のグラフ

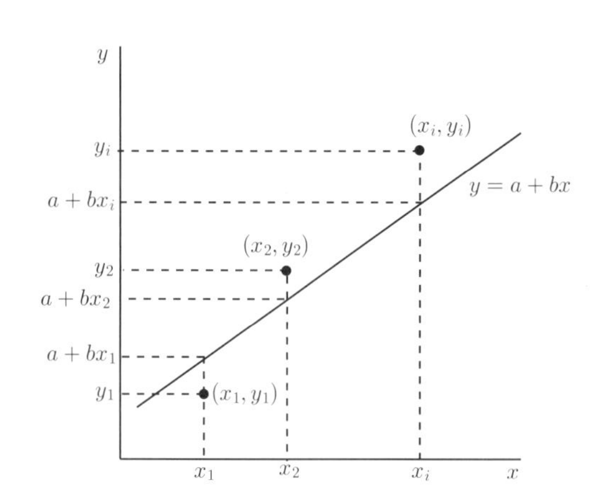

図 4.4　最小 2 乗法によるグラフの作成

図 4.4 のように直線を引いたとき，x の値 x_i に対する直線上の点の y 座標は $a + bx_i$ であり，一方，測定値は y_i である．これらの差

$$v_i = y_i - (a + bx_i) = -(a + bx_i - y_i) \tag{4.16}$$

を**残差**という．各 i に対する残差 $v_1, v_2, \cdots$ の値は直線の引き方，つまり a と b の値の選び方によって変わってくる．最小 2 乗法によると残差の 2 乗の和

$$f = \sum_{i=1}^{n} v_i^2 = \sum_{i=1}^{n} (a + bx_i - y_i)^2 \tag{4.17}$$

が最も小さくなるように a と b を選ぶ．すなわち，

$$\frac{\partial f}{\partial a} = \frac{\partial f}{\partial b} = 0 \tag{4.18}$$

を満たす a と b を求めればよい．これは，

$$\frac{\partial f}{\partial a} = \sum_{i=1}^{n} \frac{\partial}{\partial a}(a + bx_i - y_i)^2 = \sum_{i=1}^{n} 2(a + bx_i - y_i) = 0, \tag{4.19}$$

$$\frac{\partial f}{\partial b} = \sum_{i=1}^{n} \frac{\partial}{\partial b}(a + bx_i - y_i)^2 = \sum_{i=1}^{n} 2(a + bx_i - y_i)x_i = 0 \tag{4.20}$$

から，未知数 a と b に関する連立方程式

$$a + \langle x \rangle b = \langle y \rangle, \tag{4.21}$$

$$\langle x \rangle a + \langle x^2 \rangle b = \langle xy \rangle, \tag{4.22}$$

が得られる．ここで，

$$\langle x \rangle = \frac{1}{n}\sum_{i=1}^{n} x_i, \quad \langle y \rangle = \frac{1}{n}\sum_{i=1}^{n} y_i, \quad \langle x^2 \rangle = \frac{1}{n}\sum_{i=1}^{n} x_i^2, \quad \langle xy \rangle = \frac{1}{n}\sum_{i=1}^{n} x_i y_i \tag{4.23}$$

とした．上式の連立方程式から a と b を求めると，

$$a = \frac{\langle x^2 \rangle \langle y \rangle - \langle xy \rangle \langle x \rangle}{\langle x^2 \rangle - \langle x \rangle^2} = \frac{\displaystyle\sum_{i=1}^{n} x_i^2 \sum_{i=1}^{n} y_i - \sum_{i=1}^{n} x_i y_i \sum_{i=1}^{n} x_i}{\displaystyle n\sum_{i=1}^{n} x_i^2 - \left(\sum_{i=1}^{n} x_i\right)^2} \tag{4.24}$$

$$b = \frac{\langle xy \rangle - \langle x \rangle \langle y \rangle}{\langle x^2 \rangle - \langle x \rangle^2} = \frac{\displaystyle n\sum_{i=1}^{n} x_i y_i - \sum_{i=1}^{n} x_i \sum_{i=1}^{n} y_i}{\displaystyle n\sum_{i=1}^{n} x_i^2 - \left(\sum_{i=1}^{n} x_i\right)^2} \tag{4.25}$$

となる．このようにして求めた a と b を用いて直線 $y = a + bx$ を図 4.3 のグラフに書き込む．これが測定値から求めた実験直線で最も確からしい直線である．

【計算例（その 1）】導体の抵抗 R と温度 t の関係

導線の電気抵抗 R と温度 t との関係を測定して次の結果が得られた．グラフは直線で，実験式は $R = a + bt$ である．ここで，$x_i = t_i$，$y_i = R_i$ とおけば，式 (4.24), (4.25) と表 4.2 から，

$$a = 4.90\ \Omega, \quad b = 0.0215\ \Omega/^\circ\mathrm{C} \tag{4.26}$$

と a と b が求められる．ここで，$t = 0^\circ\mathrm{C}$ のときの電気抵抗を R_0 とすると，$R_0 = a$ であるので，抵抗は

$$R = R_0\left(1 + \frac{b}{R_0}t\right) \tag{4.27}$$

となる．電気抵抗の温度係数を α とすると，$\alpha = b/R_0 = (0.0215\ \Omega/^\circ\mathrm{C})/(4.90\ \Omega) = 0.0044\ (^\circ\mathrm{C})^{-1}$ より，

$$R = R_0(1 + \alpha t) = (4.90\ \Omega) \times [1 + (4.4 \times 10^{-3}/^\circ\mathrm{C})t] \tag{4.28}$$

が得られる．

表 4.2　測定結果の表

i	t_i(°C)	R_i(Ω)	t_i^2((°C)^2)	R_it_i(Ω · °C)
1	10.0	5.15	100	51.5
2	20.0	5.30	400	106.0
3	30.0	5.56	900	166.8
4	40.0	5.76	1600	230.4
5	50.0	5.95	2500	297.5
6	60.0	6.20	3600	372.0
7	70.0	6.36	4900	445.2
8	80.0	6.67	6400	533.6
総和	360.0	46.95	20400	2203.0

【計算例（その2)】半導体の抵抗 R と絶対温度 T の関係

サーミスター（半導体抵抗素子）の抵抗値 R と絶対温度 T との関係の測定結果を**方対数方眼紙**を用いて $\log_{10}R$ に対する $(1/T)\times 10^3$ の関係をグラフにすると，実験の温度の範囲では直線であると判断されるので，実験式は次式となる（図 4.5).

$$\log_{10}R = a + k\left(\frac{1}{T}\times 10^3\right) \tag{4.29}$$

ここで，$b = k\times 10^3$, $x = 1/T$, $y = \log_{10}R$ とおけば，

$$y = a + bx \tag{4.30}$$

の形になる．

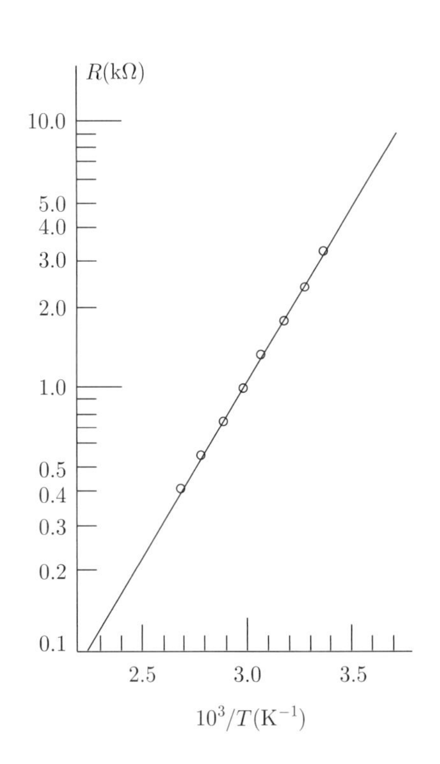

図 4.5　抵抗値 R と絶対温度 T のグラフ

式 (4.24), (4.25) と表 4.3 から，

$$a = -4.2579,\quad b = 1.325\times 10^3 \tag{4.31}$$

が得られる．ここで，$a = \log_{10}R_0$ とおくと，対数関係より

$$R_0 = 10^a = 10^{-4.2579} = 1.811\times^{-4}\ \text{k}\Omega = 0.181\ \Omega \tag{4.32}$$

となる．この R_0 を用いて，実験式は次のようになる．

$$\log_{10}\left(\frac{R}{R_0}\right) = \frac{b}{T} \tag{4.33}$$

ここで，両辺に $\log_e(10)$ を掛けると，

$$\log_e(10)\log_{10}\left(\frac{R}{R_0}\right) = \log_e(10)\frac{b}{T} \tag{4.34}$$

表 4.3

i	T_i(K)	$(1/T_i)\times 10^3$	R_i(kΩ)	$\log_{10}R_i$	$(1/T_i)^2\times 10^6$	$\{(1/T_i)\log_{10}R_i\}\times 10^3$
1	293	3.41	3.62	0.55871	11.648	1.90686
2	303	3.30	2.48	0.39455	10.892	1.30185
3	313	3.19	1.80	0.25527	10.207	0.81557
4	323	3.10	1.33	0.12385	9.585	0.38344
5	333	3.00	0.97	−0.01323	9.018	−0.03972
6	343	2.92	0.73	−0.13668	8.500	−0.39848
7	353	2.83	0.55	−0.25964	8.025	−0.73552
8	363	2.75	0.42	−0.37675	7.589	−1.03788
総和		24.51		0.5461	74.84	2.19609

となるが，左辺は

$$\log_e(10)\log_{10}\left(\frac{R}{R_0}\right)=\frac{\log_e\left(\frac{R}{R_0}\right)}{\log_{10}\left(\frac{R}{R_0}\right)}\log_{10}\left(\frac{R}{R_0}\right)=\log_e\left(\frac{R}{R_0}\right) \tag{4.35}$$

となり，一方，右辺は

$$\alpha\equiv b\log_e 10=1.325\times 10^3\times 2.30259=3.051\times 10^3 \tag{4.36}$$

と計算されるから，

$$\log_e\left(\frac{R}{R_0}\right)=\frac{\alpha}{T}, \quad \to \quad R=R_0\exp\left(\frac{\alpha}{T}\right) \tag{4.37}$$

となる．したがって，得られる実験式は

$$R=0.181\exp\left(\frac{3.25\times 10^3}{T}\right) \tag{4.38}$$

となる．

4.6 偶然誤差の取り扱い方

この節は少し難しいので，実験結果を表す式 (4.52) だけに留意すればよい．興味のある学生は，以下を精読されたい．

【系統誤差と偶然誤差】

どのような測定であっても，同一環境で同様の注意を払うにもかかわらず，測定のたびごとに結果に差異がある．これは，測定には必ず誤差が伴うからである．実験で生じる誤差には以下のものがある．

(1) 理論における近似式や，理論化するための課程などから生じる誤差

(2) 測定に用いられた器具の不完全さに基づく誤差

(3) 測定者の不注意，まちがい，技術の未熟などから起こる誤差

(4) 測定者の個人的な癖などの測定者に固有の誤差

(5) つきとめられない原因による測定値のばらつきによる誤差（**偶然誤差**）

系統誤差は上述の (1) と (2) による誤差であり，**かたより**とも呼ばれる．(1) の例では，単振り子の振幅角 θ が小さくないときにも $\sin\theta\simeq\theta$ の近似式を用いた場合などであり，理論と観測が食い違う場合である．(2) としては，測定器の 0 の狂い，測定器の可動部分のがたつき，測定器の経年変化，環境変化に伴う測定器の変動など種々の原因による．(1) の原因では理論的な**補正**を加えることにより，(2) の原因に対しては測定器の検査を徹底的に行うことおよび測定器を慎重に取り扱うことにより，いくらかの誤差を取り除くことができる．

測定者の不注意による (3) の排除は測定者自身の努力を必要とするが，共同実験者の相互の協力についても工夫が必要である．たとえば，観測者は目盛りの読みをはっきりと発声し，記録者も必ず声を出して復唱して実験ノートに

記入することにより，まちがいを防ぐなどである．(4) については観測者の訓練によらねばならないが，その他にたとえば複数の観測者の読み取り値の平均をとるなどいろいろの工夫も必要である．(3) と (4) による誤差の排除ができたものとして，(1) と (2) による系統誤差のおおよその評価は，理論の検証や測定器の目盛り検査と動作検査などによって可能である．しかし，(5) の偶然誤差はどのような測定者の場合にも必ず生じ，測定者がどんなに注意を払っても排除することができないが，誤差が偶然に起こるということから**統計的処理**が可能となる．

【最確値と標準偏差（平均 2 乗誤差）】

測定される量の真の値を X，i 番目の測定値を M_i $(i=1,2,\cdots,n)$ (n は測定回数)，M_i に含まれる**偶然誤差**を ε_i とすれば，

$$\varepsilon_i = M_i - X \tag{4.39}$$

である．この偶然誤差 ε_i の起こる**確率**は

$$f(\varepsilon_i) = \frac{1}{\sqrt{2\pi}\sigma}\exp\left(-\frac{\varepsilon_i^2}{2\sigma^2}\right) \tag{4.40}$$

で与えられる．ここで，σ は**標準偏差**と呼ばれ，

$$\sigma = \sqrt{\frac{\displaystyle\sum_{i=1}^{n}\varepsilon_i^2}{n}} = \sqrt{\frac{\displaystyle\sum_i (M_i - X)^2}{n}} \tag{4.41}$$

で与えられる．この標準偏差は誤差のバラツキを表す．したがって，σ が小さいときは誤差のバラツキが小さく，測定は**精密**である．精密さとは別に「かたより」が小さい測定を**正確**であるという．精密さと正確さを合わせて**精度**という．

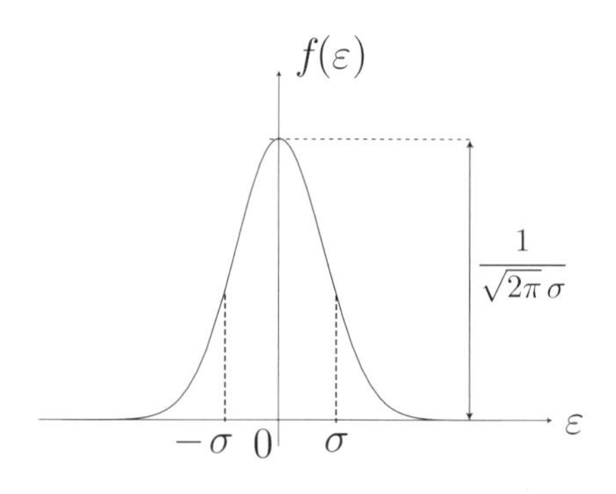

図 4.6　誤差曲線

図 4.6 は誤差 ε の発生確率 $f(\varepsilon)$ を表す．特に，$(-\sigma,\sigma)$ の区間で誤差が発生する確率は，

$$\begin{aligned}\int_{-\sigma}^{\sigma} f(\varepsilon)\mathrm{d}\varepsilon &= \frac{1}{2\pi}\sigma\int_{-\sigma}^{\sigma}\exp\left(-\frac{x^2}{2\sigma^2}\right)\mathrm{d}\varepsilon \\ &= \frac{2}{\sqrt{\pi}}\int_0^{1/\sqrt{2}}\exp(-t^2)\mathrm{d}t \simeq 0.6826\end{aligned} \tag{4.42}$$

となる．したがって，100 回測定して得られた測定値のうち，約 68 回が $X-\sigma$ と $X+\sigma$ の中に入っていることである．また，100 回測定して得られた測定値のうち，約 50 回が $X-\mu$ と $X+\mu$ の中に入っている場合の μ の値は，σ を用いて，

$$\mu = 0.6745\sigma \tag{4.43}$$

で与えられる．つまり，$(-\mu,\mu)$ の区間で誤差が発生する確率が 50% であるということであり，この μ を**確率誤差**という．

しかしながら，現実には真の値 X は知りえないので，式 (4.41) の標準偏差を実験値のみを使って表したい．その

ために，以下で定義される**残差**を考える．残差 v_i は測定値 M_i と M_i の**平均値** $\bar{X}$ の差で定義される．

$$v_i = M_i - \bar{X}, \quad \bar{X} = \frac{M_1 + M_2 + \cdots + M_n}{n} = \frac{1}{n}\sum_{i=1}^{n} M_i \tag{4.44}$$

誤差 ε_i を残差 v_i を用いて表すと，

$$\varepsilon_i = M_i - X = M_i - \bar{X} + \bar{X} - X = v_i + (\bar{X} - X) \tag{4.45}$$

となるから，誤差の 2 乗の和をとると，

$$\sum_i \varepsilon_i^2 = \sum_i v_i^2 + 2(\bar{X} - X)\sum_i v_i + n(\bar{X} - X)^2 \tag{4.46}$$

となる（ここで，$\displaystyle\sum_i = \sum_{i=1}^{n} = n$ を使った）．右辺第 2 項は，

$$\sum_i v_i = \sum_i (M_i - \bar{X}) = n\bar{X} - n\bar{X} = 0 \tag{4.47}$$

とゼロになり，右辺第 3 項は，

$$\begin{aligned}(\bar{X} - X)^2 &= \left(\frac{1}{n}\sum_i M_i - X\right)^2 = \frac{1}{n^2}\left\{\sum_i (M_i - X)\right\}^2 \\ &= \frac{1}{n^2}\left(\sum_i \varepsilon_i\right)^2 = \frac{1}{n^2}\left(\sum_i \varepsilon_i^2 + \sum_{i \neq k} \varepsilon_i \varepsilon_k\right)\end{aligned} \tag{4.48}$$

となるが，さらに，n が十分に大きい場合は，$\displaystyle\sum_{i \neq k} \varepsilon_i \varepsilon_k / n^2$ はゼロすることができるから，結局，

$$\sum_i \varepsilon_i^2 = \sum_i v_i^2 + \frac{1}{n}\sum_i \varepsilon_i^2, \quad \rightarrow \quad \frac{1}{n}\sum_i \varepsilon_i^2 = \frac{1}{n-1}\sum_i v_i^2 \tag{4.49}$$

の関係が成り立つ．したがって，式 (4.41) の測定値の標準偏差 σ は，残差を用いて，

$$\sigma = \sqrt{\frac{1}{n}\sum_i \varepsilon_i^2} = \sqrt{\frac{1}{n-1}\sum_i v_i^2} = \sqrt{\frac{1}{n-1}\sum_i (M_i - \bar{X})^2} \tag{4.50}$$

で表される．

次に，平均値の標準偏差を考えよう．これは，平均値 $\bar{X}$ を求める実験を複数回行うことで得られる．詳細は省略するがこの平均値の標準偏差を σ_{a} とすると，これは，

$$\sigma_{\mathrm{a}} = \frac{\sigma}{\sqrt{n}} = \sqrt{\frac{\displaystyle\sum_i v_i^2}{n(n-1)}} = \sqrt{\frac{\displaystyle\sum_i (M_i - \bar{X})^2}{n(n-1)}} \tag{4.51}$$

で与えられる．したがって，測定結果は次のように書くことができる．

$$X = \bar{X} \pm \sigma_{\mathrm{a}} = \frac{1}{n}\sum_i M_i \pm \sqrt{\frac{\displaystyle\sum_i (M_i - \bar{X})^2}{n(n-1)}} \tag{4.52}$$

【標準偏差の計算例】電子の比電荷の測定

電子の比電荷の測定において，測定結果は表4.4のようになった．

表4.4　【測定例】電子の比電荷の測定

加速電圧 V (ボルト)	磁場電流 I (アンペア)	磁束密度 B (テスラ)	軌道半径 ($\times 10^{-2}$ m)			比電荷 e/m ($\times 10^{11}$ C/kg)	$(M_i - \bar{X})^2$ ($\times 10^{11}$ C/kg$)^2$
			左側	右側	R		
200	1.0	7.747×10^{-4}	6.1	6.2	6.15	1.762	0.002
	1.5	1.162×10^{-3}	4.0	4.2	4.1	1.762	0.019
	2.0	1.549×10^{-3}	3.2	3.3	3.25	1.577	0.003
240	1.2	9.296×10^{-4}	5.7	5.7	5.6	1.771	0.020
	1.5	1.162×10^{-3}	4.7	4.7	4.75	1.575	0.007
	2.0	1.549×10^{-3}	3.6	3.6	3.5	1.632	0.0003
280	1.3	1.007×10^{-3}	5.7	5.7	5.7	1.699	0.0001
	1.5	1.162×10^{-3}	4.8	4.9	4.9	1.727	0.018
	2.0	1.549×10^{-3}	3.6	3.5	3.55	1.851	0.006
300	1.1	8.522×10^{-4}	7.2	7.2	7.1	1.639	0.045
	1.7	1.317×10^{-3}	4.5	4.5	4.5	1.671	0.002
	2.0	9.549×10^{-3}	3.7	3.7	3.6	1.928	0.045
						平均値 1.716	和 0.1224

これから，平均値の標準偏差 σ_{a} は

$$\sigma_{\mathrm{a}} = \sqrt{\frac{\sum_i (M_i - \bar{X})^2}{n(n-1)}} = \sqrt{\frac{0.1224 \times 10^{22}}{12 \times 11}} = 0.0304 \cdots \times 10^{11} \simeq 0.03 \times 10^{11} \ \mathrm{C/kg} \tag{4.53}$$

となるから，電子の比電荷は

$$\frac{e}{m} = \bar{X} \pm \sigma_{\mathrm{a}} = (1.72 \pm 0.03) \times 10^{11} \ \mathrm{C/kg} \tag{4.54}$$

と評価される．

第5章

ノギスおよびマイクロメーターの使い方

5.1　長さの測定

物理学実験では試料や装置の大きさ，すなわち長さを測定する実験が多い．長さの測定で最も簡単な方法は，測定対象の物体に定規をあてて，その両端の位置を1目盛りの1/10まで目測で読み取り，その差をとることである．実験によっては，これよりもより精度の高い測定を行う必要がある．この場合，一般にノギスやマイクロメーターを用いて長さを測定する．

5.2　ノギスの使用方法

ノギスとは測定対象物を挟むためのスライド部分がついた定規である．ノギスは通常の定規と違い，主尺目盛りと副尺目盛りの2つの目盛りがあり，これを組み合わせて求めるようになっている．副尺は主尺の9目盛りを10等分，あるいは19目盛りを20等分した目盛りが刻まれている．

図5.1(a)は主尺の9目盛りを10等分したノギスを示す．実際に長さを測定している様子を図5.1(b)に示す．長さLは3mmから4mmの間であることがわかる．副尺を見ると，8のところで主尺の目盛りと一致している．よって，xは8/10すなわち1目盛りが1.0mmならば0.8mmとなる．したがって，Lの長さは3.8mmであることがわかる．このように，ノギスでは，最小目盛り間の値を目分量ではなく，主尺と副尺を組み合わせて精度よく読み取ることができる．測定対象物を挟む部分が摩耗していたり曲がっていたりすると，正確な測定ができないので，測定前に必ず確認しておくことが重要である．

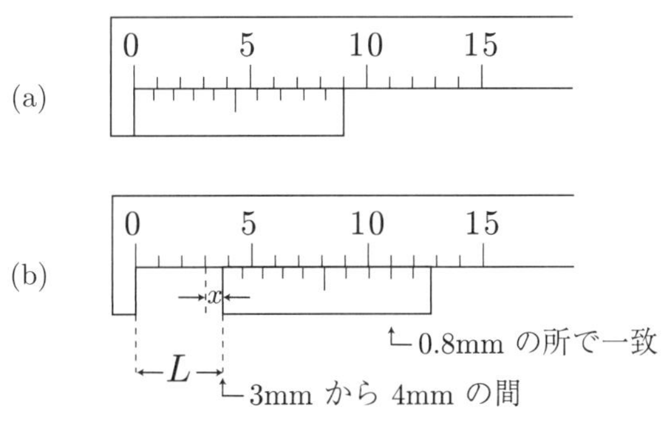

図5.1　ノギスの構造と測定方法

5.3　マイクロメーターの使用方法

マイクロメーターは，精密なねじ機構を使って，ねじの回転角を変位に置き換えることによって，一般に最小目盛り0.01mmの精度で測定が可能である．したがって，ノギスよりも精度の高い測定が可能であるが，その取り扱いは複雑である．

マイクロメーターの構造を図5.2に示す．測定対象物をAとEの間に置く．Rを回すとEが進み測定しようとする物体を挟み込む．ある圧力以上まで測定対象物を押さえつけるとRは空回りするようになっている．Cが1回転するとEが0.5mm前に進む．F部には円周を50等分した目盛りがついている．したがって，F部では1回転の途中の目盛りを0.5/50mm (0.01mm) で読み取ることができ，また，この目盛りの1/10まで目測すると0.001mm (1μm) まで読み取ることができる．

測定対象物を挟み込むとき，Cを回すと圧力がわからず，物体をへこませたり，マイクロメーターを破損させたりする恐れがあるので，必ずRを回して測定することが重要である．また，測定前にAおよびEを清掃し，Rを一杯に回してAとEを接触させたとき（空回りするまで），0点が正しく表示されるかどうか確認することも重要である．

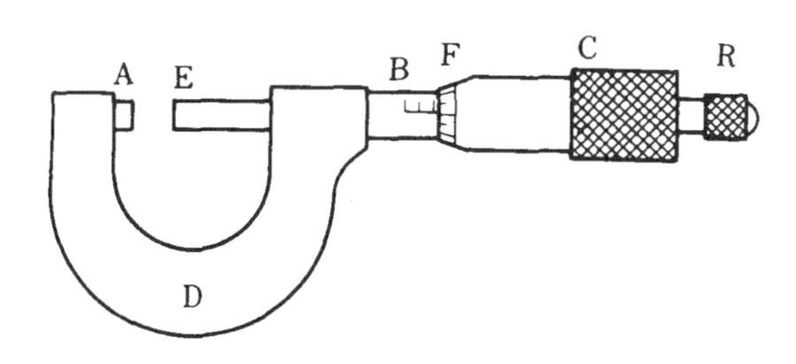

図5.2　マイクロメーターの構造と測定方法

第 II 部

物理学実験

実験 1

物質の密度の測定

1.1 目的

金属の円柱の体積と質量を測定し密度を求める．この実験を通して，ノギスおよび電子天秤の使用法と測定値の処理方法を学ぶとともに，基本的なレポートの作成方法を修得する．

1.2 原理

物質の密度とは単位体積あたりの質量である．密度により物質の同定や合金の成分比などを知ることができる．したがって，密度は基本的かつ重要な物理量の一つである．

一様な物質の密度 ρ は，物質の質量を M，体積を V とすると，

$$\rho = \frac{M}{V} \tag{1.1}$$

と表せる．質量 M の単位は [kg] または [g]，体積 V の単位は $[\mathrm{m}^3]$ または $[\mathrm{cm}^3]$ であるから，密度の単位は式 (1.1) からわかるように $[\mathrm{kg/m}^3]$ あるいは $[\mathrm{g/cm}^3]$ となる．

図 1.1 のような直径 d，長さ L の円柱の試料の密度を求める．この円柱の体積は $L \times \pi(d/2)^2$ であるから，この質量を M_a とすると密度 ρ_a は，

$$\rho_a = \frac{M_a}{L \times \pi \left(\dfrac{d}{2}\right)^2} \tag{1.2}$$

となる．したがって，d, L, M_a を測定することによって，円柱の試料の密度を求めることができる．

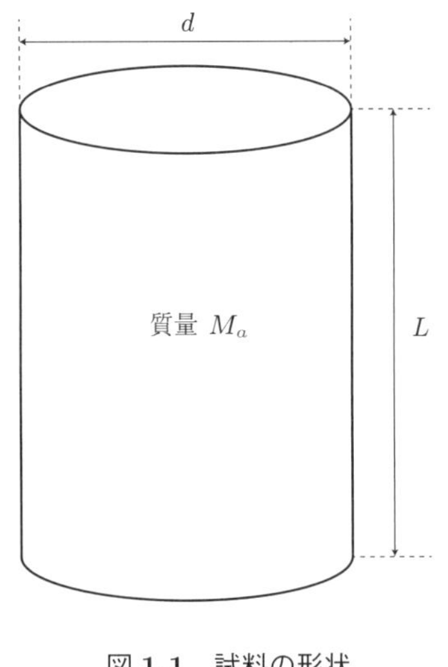

図 1.1　試料の形状

1.3 実験

【実験の概要】

ノギスを用いて円柱の試料の直径 d および長さ L を測定する（ノギスの使用方法は第 I 部第 5 章を参照せよ）．また，電子天秤を用いて円柱の試料の質量を測定する．

【実験装置】

ノギス（器差 JIS B7507 規格），電子天秤

【実験手順】

(1) 長さの測定

円柱の直径 d および長さ L をノギスを用いて測定する．測定は場所を変えてそれぞれ 5 回行う．

(2) 質量の測定

電子天秤を用いて円柱の質量を測定する．電子天秤を置く場所は水平であることを確認する．また，零点調整を行

い正確に測定する．

1.4　実験結果の整理と課題

【実験結果の整理】

(1)　表 1.1 のように直径 d，長さ L，質量 M_a の測定結果をまとめる．

(2)　長さの単位を [cm]，質量の単位を [g] として，この円柱の試料の密度 ρ_a [g/cm^3] を求める（数値の桁数については，第 I 部第 4 章 4.2 の有効数字を参照）．

表 1.1　円柱の試料の測定値

		L [mm]	d [mm]
長さ	測定 1 回目		
	測定 2 回目		
	測定 3 回目		
	測定 4 回目		
	測定 5 回目		
	平　均		
質量	M_a [g]		

【レポート課題】

(1)　測定した ρ_a を [kg/m^3] の単位で示せ．

(2)　表 1.2 は代表的な金属および合金の室温における密度を示している．実験結果から円柱の試料の材料を推定せよ．

(3)　各自が推定した材料の密度と実験で求めた密度の相対誤差を求めよ（相対誤差については，第 I 部第 4 章 4.4 を参照）．

表 1.2　代表的な金属および合金の室温における密度

	物　質	密度 [g/cm^3]
純金属	金	19.32
	銀	10.49
	銅	8.96
	鉛	11.34
	鉄	7.87
	ニッケル	8.9
	クロム	7.1
合金	パーマロイ	8.8
	ステンレス (SUS304)	7.93
	真鍮	8.43
	コバール	8.5
	ニクロム	8.41

実験 2

自由落下の実験

2.1 目的

地表付近の物体は，地球から鉛直下向きに引く力を受けている．この力のことを **重力** という．地表付近の物体にはたらく重力は一定であるとみなすことができ，その大きさは物体の質量に比例する．ニュートンの運動の法則から，重力のみがはたらく物体の運動は等加速度運動であることがわかる．

本実験では，自由落下運動（重力の影響のみを受けて初速度 0 で落下する運動）を通し，等加速度運動の基礎を学びながら，重力加速度の大きさを求める．

2.2 原理

【重力による落下運動】

地球の表面付近で物体を静かに放すと下向きに落ちる．これは，地球から物体に下向き（鉛直下向き）に引く力（重力）が作用しているためである．本実験で対象とする空間の広がりは地球の大きさに比べてじゅうぶんに小さいので，物体に作用する力の向きはいたるところ鉛直下向きでほぼ一定であるとみなすことができる．また，地球から物体に作用する力 $\boldsymbol{W}$ の大きさ W は，物体の質量 m に比例しており，その比例係数の値が物体の種類によらず（実験誤差の範囲内で）一定であることがわかっている．すなわち，

$$\boldsymbol{W} = m\boldsymbol{g} \tag{2.1}$$

である．式 (2.1) に現れる物理量 $\boldsymbol{g}$ のことを重力加速度という．実際には，重力加速度の大きさ g は場所によってわずかな相違があるが，よく知られているように，

$$g \approx 9.80\,\mathrm{m/s^2} \tag{2.2}$$

である．

ここで，床面の高さを原点として鉛直上向きを正の向きとするように z 軸を定める．重力の作用だけを受ける質量 m の質点（大きさをもたず質量だけをもつ物体）の運動を考えてみよう．

ここで，重力がはたらく z 軸に沿って物体が一次元運動する場合に限ることにすれば，ベクトルの向きを符号で表すことができるので，以下では，重力，位置，速度，加速度をスカラー表記する．この質点の運動方程式は

$$m\frac{\mathrm{d}^2 z}{\mathrm{d}t^2} = -W \tag{2.3}$$

と書くことができる．式 (2.3) の右辺で W に負号が付くのは，重力が $-z$ の向き，つまり z 軸負の向きにはたらくからである．式 (2.3)，式 (2.1) から得られる

$$\frac{\mathrm{d}^2 z}{\mathrm{d}t^2} = -\frac{W}{m} = -g \tag{2.4}$$

は，この運動が質点の質量 m に依存しないことを示している．以下，質点が運動を開始する時刻を時間原点 $t = 0$ とし，運動を開始した時刻における質点の速度（初速度）を v_0，位置（初期位置）を z_0 とする．

質点の速度（位置の時間変化率） $v_z(t) = \dfrac{\mathrm{d}z}{\mathrm{d}t}$ を求めるために，式 (2.4) の両辺を t で積分すると，

$$v_z(t) = \frac{\mathrm{d}z}{\mathrm{d}t} = \int (-g)\,\mathrm{d}t = -gt + C_1 \quad (C_1\text{は積分定数}) \tag{2.5}$$

が得られる．式 (2.5) で $t = 0$ とすればわかるように，ここに現れた積分定数 C_1 は，質点が運動を開始した時刻における速度（初速度） v_0 と等しくなくてはならない．したがって，落下運動中の質点の速度を表す式として，

$$v_z(t) = -gt + v_0 \tag{2.6}$$

が得られる．

次に，質点の位置 $z(t)$ を得るために，式 (2.6) の両辺を再度 t で積分すると，

$$z(t) = \int v_z(t)\,\mathrm{d}t = \int (-gt + v_0)\,\mathrm{d}t = -\frac{1}{2}gt^2 + v_0 t + C_2 \quad (C_2\text{は積分定数}) \tag{2.7}$$

が得られる．式 (2.7) で $t = 0$ とすればわかるように，ここに現れた積分定数 C_2 は，質点が運動を開始した時刻における位置（初期位置） z_0 と等しくなくてはならない．したがって，落下運動中の質点の位置を表す式として，

$$z(t) = -\frac{1}{2}gt^2 + v_0 t + z_0 \tag{2.8}$$

が得られる．式 (2.8) は，

$$z(t) = -\frac{1}{2}g\left(t - \frac{v_0}{g}\right)^2 + \left(\frac{v_0^2}{2g} + z_0\right) \tag{2.9}$$

と書き変えることができる．書き換えた式 (2.9) は，$v_0 \geqq 0$ の場合に，質点が到達可能な最高点に到達する時刻ならびに最高点の高さをあらわにしたものである．

本実験では，台座（正しくは，停止信号発生板面）からの高さが h となるように固定された保持装置から小球（質点とみなす）を時刻 $t = 0$ に初速度 $v_0 = 0$ で落下させる（自由落下）．したがって，台座の高さを $z = 0$ とし，式 (2.8) に $v_0 = 0$, $z_0 = h$ を代入することによって，落下中の小球の台座からの高さ $z(t)$ を表す式として，

$$z(t) = -\frac{1}{2}gt^2 + h \tag{2.10}$$

を得る．この式から，小球が落下を開始してから，台座の高さに到達するために必要な時間を t_C とすれば，$z(t_\mathrm{C}) = 0$，すなわち，$-\dfrac{1}{2}gt_\mathrm{C}^2 + h = 0$ であるから，

$$g = \frac{2h}{t_\mathrm{C}^2} \tag{2.11}$$

という関係式を導くことができる．式 (2.11) は，小球の落下距離（取り付け位置から台座までの距離）h と落下時間 t_C を測定すれば，重力加速度の大きさ g を求めることができることを示している．

2.3　実験

【実験器具】

本実験で使用する装置は，台座，ロッド（金属製の支柱），金属球保持・放出機構，金属球，ディジタル計時器で構成される．この他に，金属スケール（JIS B7516：1 級），ノギス（JIS B7507）を使用する．

停止信号発生用板を備えた台座には，ロッド（支柱）が取り付けられており，このロッドにアクリル製の板（開始台）がクランプにて取り付けられている．アクリル製の板（開始台）には，落下させる金属球を保持・放出する機構が備えられている．開始台のロッドへの取り付け位置を変えることによって，金属球の落下開始高さを変えることができる．

金属球放出部には、金属球の位置決めのために３本の金属ピンが備えられている．放出直前まで，金属球は，金属球保持機構（アクリル製のレバー）先端に取り付けられた小磁石によって金属ピンの間に保持されている．この金属ピンと金属球が，金属球が放出される瞬間に開く電気スイッチを構成している．保持機構のレバーがわずかに持ち上

げられると，小磁石が金属球から離れて金属球が放出される．この瞬間，金属ピンと金属球で構成されるスイッチが開き，開始信号がディジタル計時器に送られる．開始信号を受信した計時器は，時間計測を開始する．

開始台から落下した金属球が台座に備えられた停止信号発生用板に当たると，停止信号が発生する．ディジタル計時器は停止信号を受信すると，直ちに時間計測を停止する．この時，ディジタル計時器に表示されている時刻が，開始台から停止信号発生用板まで落下するのに費やした時間（落下時間 t_C）である．

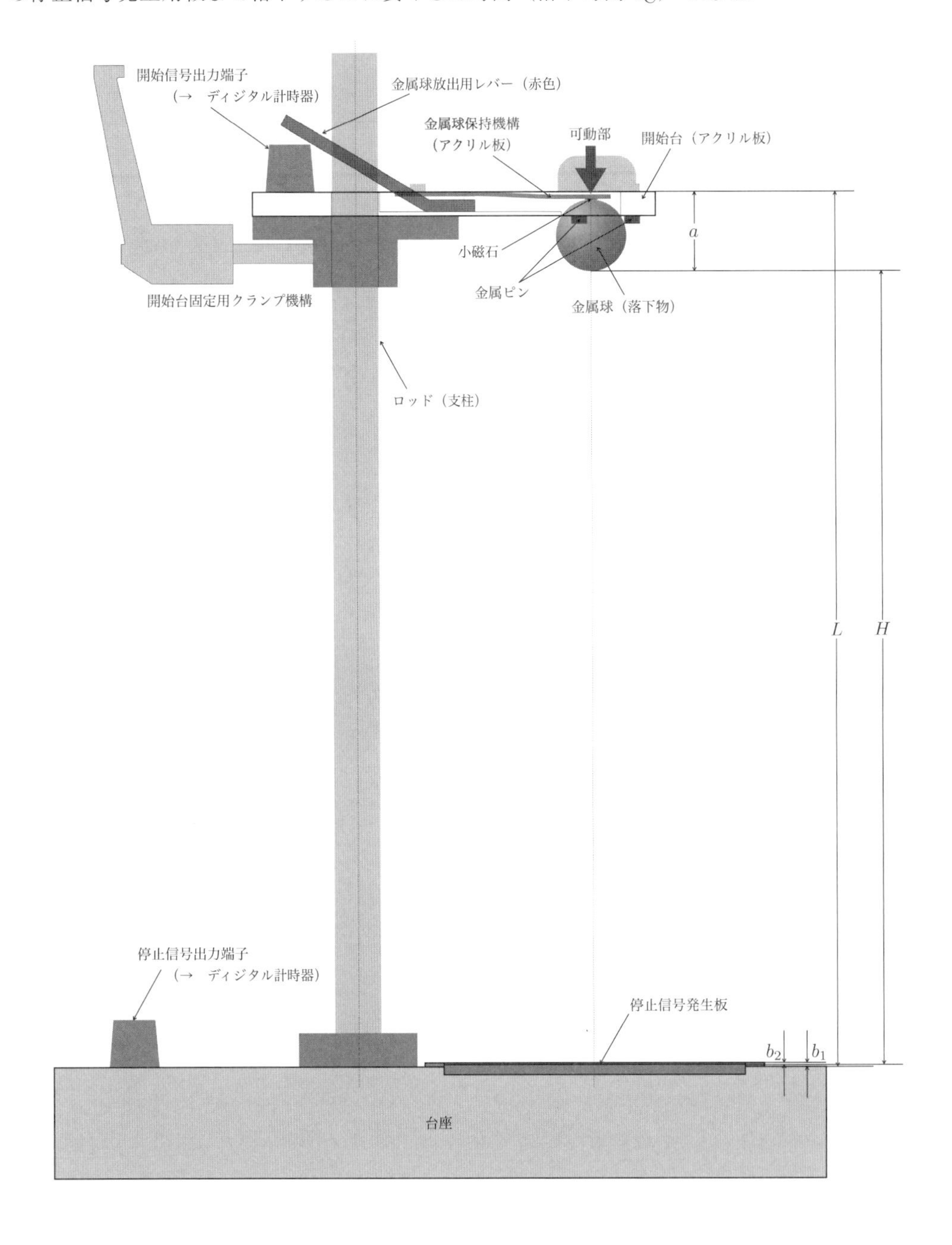

図 **2.1**　自由落下実験装置の構成

【実験準備】

(1)　金属球保持・放出機構の底部に 3 つの接続ピンがあるので，3 つのピンの間に金属球を入れる．金属球保持機構（アクリル製のレバー）の先端部にある磁石付き可動部分を指先で軽く押し下げる．可動部の先端に取り付けられた小磁石によって金属球が固定されることを確認し，可動部から静かに指を離す．

(2)　開始台の上面と金属球下部の間の距離 a をノギスで測る．このとき，ノギスが金属球を固定しているピンに掛からないよう注意すること．ノギスで挟む位置を変えて 3 回測り，平均値を測定の結果とする．

表 **2.1** 自由落下時間の測定

回	開始台取り付け位置 L/mm				落下時間 t/ms					
i	1 回目	2 回目	3 回目	平均 $\overline{L}_i$/mm	1 回目	2 回目	3 回目	4 回目	5 回目	平均 $\bar{t}_i$/ms
1										
2										
3										
4										
5										
6										
7										
8										
9										
10										

(3) 停止信号発生板を囲む枠の上面までの台座面からの高さ b_1 をノギスで測る．位置を変えて 3 回測り，平均値を測定の結果とする．

(4) 停止信号発生板から枠上面までの高さ b_2 をノギスで測る．位置を変えて 3 回測り，平均値を測定の結果とする．

(5) 開始台の上面までの台座からの高さが L となるようロッドに開始台を取り付けたとき，金属球の落下距離は，

$$h = L - (a + b_1 - b_2) \tag{2.12}$$

となる．

(6) 落下時間の測定に先立ち，表 2.1 のような表を実験ノートに準備する．

【落下時間の測定】

(1) 開始台（金属球保持・放出機構を備えたアクリル板）の上面が台座面からの高さ L がおよそ 990 mm となるように，開始台のクランプをロッドに固定する．なお，開始台を固定するときに，金属球放出部が台座に設けられた停止信号発生板中央付近の真上にあることを確認すること．

(2) 開始台が固定された状態で，金属スケールにて台座面から開始台上面までの高さ L を測定し，記録する．高さの測定は，3 回行い，平均値 $\overline{L}$ を求める．

(3) 金属球保持機構に金属球を取り付ける．

(4) 金属球が確実に固定されていることを確認し，金属球放出用の赤いレバーを静かに押し下げる．

(5) 金属球の落下を確認し，ディジタル計時器に表示されている時刻を記録する．工程 (3) から工程 (5) までを 5 回繰り返す．

(6) 開始台の取り付け位置（台座面からの高さ）L を約 102 mm ずつ減らし，L がおよそ 70 mm になるまで，(2) から (5) の工程を繰り返す．

2.4 実験結果の整理と課題

【実験結果の整理】

(1) 表 2.2 に示すような表の枠を準備する．

(2) 式 (2.12) を用いて，開始台取り付け位置 $\overline{L}_i$ から落下距離 h_i を求め，落下距離 h_i と落下時間 $\bar{t}_i$ の関係を表にまとめる．この際，h_i の単位を m，$\bar{t}_i$ の単位を s に変換しておく．

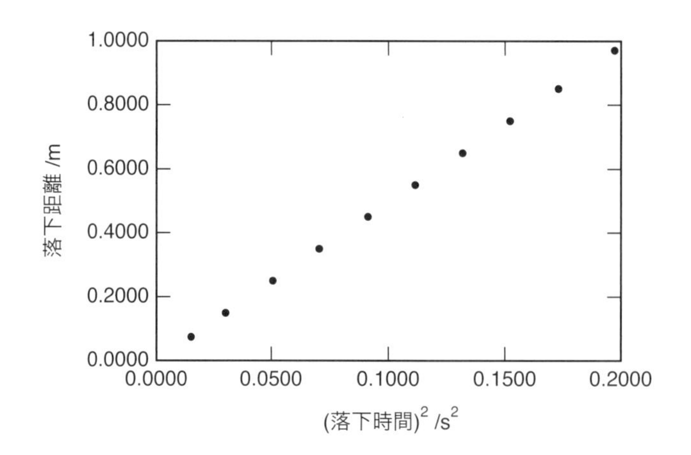

図 **2.2**　金属球の落下時間と落下距離の関係

(3)　落下時間の 2 乗 $\left(\bar{t}_i\right)^2$ を計算し，(1) で作成した表に付け加える．

(4)　方眼紙に横軸を落下時間の 2 乗 t^2，縦軸を落下距離 h として，測定結果を図 2.2 のようなグラフにする．作成した h-t^2 グラフの傾きから，重力加速度の大きさ g を求める．

(5)　測定した２つの物理量（落下時間の 2 乗 t^2 と落下距離 h）の間の関係を表す最も確からしい実験式を求めるためには、下記の作業をし，課題 (1) の計算を行う．

(6)　(1) で作成した表に，$\left(\bar{t}_i\right)^4$, h_i^2, $\left(\bar{t}_i\right)^2 h_i$ を計算した結果を付け加える．

表 **2.2**　自由落下時間の測定結果の整理

回	開始台位置	落下距離		落下時間			
i	$\overline{L}_i$/mm	h_i/mm	h_i/m	$\bar{t}_i$/s	$\left(\bar{t}_i/\mathrm{s}\right)^2$	$\left(\bar{t}_i/\mathrm{s}\right)^4$	$\left(\bar{t}_i\right)^2 h_i/\left(\mathrm{m{\cdot}s^2}\right)$
1							
2							
3							
4							
5							
6							
7							
8							
9							
10							
総和	—	—		—			

【レポート課題】

(1)　落下距離 h と落下時間の 2 乗 t^2 との間には，

$$h = a + b\left(t^2\right) \tag{2.13}$$

の関係が成り立つ．表 2.2 にまとめた結果をもとに，最小 2 乗法にて最も確からしい a，b を求めよ．

$$a = \frac{\sum_{i=1}^{n} (\bar{t}_i)^4 \sum_{i=1}^{n} h_i - \sum_{i=1}^{n} (\bar{t}_i)^2 h_i \sum_{i=1}^{n} (\bar{t}_i)^2}{n \sum_{i=1}^{n} (\bar{t}_i)^4 - \left[\sum_{i=1}^{n} (\bar{t}_i)^2 \right]^2} \tag{2.14}$$

$$b = \frac{n \sum_{i=1}^{n} (\bar{t}_i)^2 h_i - \sum_{i=1}^{n} (\bar{t}_i)^2 \sum_{i=1}^{n} h_i}{n \sum_{i=1}^{n} (\bar{t}_i)^4 - \left[\sum_{i=1}^{n} (\bar{t}_i)^2 \right]^2} \tag{2.15}$$

(2)　最小 2 乗法で求めた a，b の値を用いて，重力加速度の大きさ g を求めよ．

(3)　実験で求めた重力加速度の大きさ g_{ex} と付録 B.2 の表にある川越市の重力加速度の大きさ $g_{\text{川越}}$ を比較し，相対誤差

$$\text{相対誤差} = \frac{|g_{\text{ex}} - g_{\text{川越}}|}{g_{\text{川越}}} \times 100\% \tag{2.16}$$

を求めよ．

実験 3

振り子による重力加速度の測定

3.1 目的

我々の身のまわりにあるすべての物体は物理学の法則にしたがって運動している．特に我々が日常的に眼にすることのできる運動の多くは，近代科学の祖であるニュートン (Newton) によって確立された**力学**に基づいている．この力学は以下で述べる 3 つの法則からなる理論体系であり，ボールの運動，はては天体の運動の解析などさまざまな現象に適用でき，その適用範囲は広大である．力学は物理学以外の様々な分野の基礎でもあるので，ここでしっかり学んでおきたい．

本実験の目的は，物体の運動法則やエネルギー保存則を念頭に置きながら，ボルダ振り子を単振り子として扱い，その運動を観測することによって周期を測定し，重力加速度の大きさ g を決定することである．

3.2 原理

【運動の 3 法則】

物体の運動を考える際，次の 3 つの運動法則が基礎になる．

第 1 法則 (慣性の法則) 外部から力がはたらいていなければ (はたらいていてもその合力が 0 ならば)，静止している物体はそのまま静止を続け，運動している物体はその方向と速さを変えずにそのまま**等速度運動**を続ける．

第 2 法則 (運動の法則) 物体に外から**力** $\boldsymbol{F}$ がはたらくと，物体にはその力の向きに**加速度** $\boldsymbol{a}$ が生じる．加速度の大きさは力の大きさに比例し，物体の持つ**質量** m に反比例する．このことから，次の運動方程式が成り立つ．

$$m\boldsymbol{a} = \boldsymbol{F} \tag{3.1}$$

加速度の単位は $\mathrm{m/s^2}$，質量の単位は kg である．したがって，運動方程式 (3.1) から力の単位は $\mathrm{kg \cdot m/s^2}$ となり，これを N で表す．

第 3 法則 (作用・反作用の法則) 物体 A が物体 B に力 $\boldsymbol{F}_{\mathrm{A \to B}}$ を及ぼすとき (作用)，物体 B もまた物体 A に力 $\boldsymbol{F}_{\mathrm{B \to A}}$ を及ぼしている (反作用)．これらの力は，A が B に及ぼす力と同じ直線上にあって，大きさが等しく向きが反対である ($\boldsymbol{F}_{\mathrm{A \to B}} = -\boldsymbol{F}_{\mathrm{B \to A}}$)．

【単振り子運動】

物体の変形やそれ自身の回転運動が無視できるような場合，物体をその全質量が一点 (重心) に集まった大きさの無視できる**質点**とみなすことができる．ここでは，質量 m の金属球を質点とみなした振り子の運動を考察する．

図 3.1 のように，伸縮しない長さ l の軽い糸に金属球をつけた振り子において，糸を張ったまま鉛直最下点 O から，ある角度だけ球を傾けて静かにはなすと，球は点 O の周りで周期的な往復運動をする．この運動の周期を求める為に，まずは運動方程式 (3.1) に基づいて，金属球に対する運動方程式をたてる．点 O の位置から θ だけ傾いた状態において，球にはたらいている力は鉛直下向きの重力 mg と糸の張力 S である．重力を円周に沿った接線方向とそれに垂直な動径方向に**力の分解**をおこなうと，接線方向の力は，$mg\sin\theta$，動径方向の力は，$mg\cos\theta$ で与えられる．物体の運動は接線方向のみで，動径方向には加速度が生じないので，運動方程式 (3.1) から，動径方向の運動方程式は，$m \times 0 = mg\cos\theta - S$ で与えられる．これから，力のつりあいの式 $S = mg\cos\theta$ が得られ，張力 S と動径方向の

力 $mg\cos\theta$ が常につりあっている．したがって，第 1 法則より，動径方向に対する球の運動は静止を続けることがわかる．

一方，接線方向の力 $mg\sin\theta$ は，常に最下点 O に向かう向きにはたらいているので，これが球を往復運動させる**復元力**となっている．この復元力によって，球は接線方向に加速度が生じている．球の運動の軌跡である円弧に沿った**変位** x は，$x = l\theta$ と表されるので，復元力によって生じる接線方向の加速度ベクトルの成分 a は，

$$a = \frac{\mathrm{d}^2 x}{\mathrm{d}t^2} = l\frac{\mathrm{d}^2\theta}{\mathrm{d}t^2} \tag{3.2}$$

と変位 x，あるいは，**振幅角** θ の時間に関する微分で与えられる．したがって，この接線方向の運動方程式は，θ が増加する向きを正にとると，

$$ml\frac{\mathrm{d}^2\theta}{\mathrm{d}t^2} = -mg\sin\theta \tag{3.3}$$

で与えられる．ここで，右辺の負符号に注意しよう．以下，簡単のため，振幅角 θ が充分小さい，$\theta \ll 1$ の状況を考える．このような場合，$\sin\theta \simeq \theta$ の関係が成り立つので，運動方程式 (3.3) は，

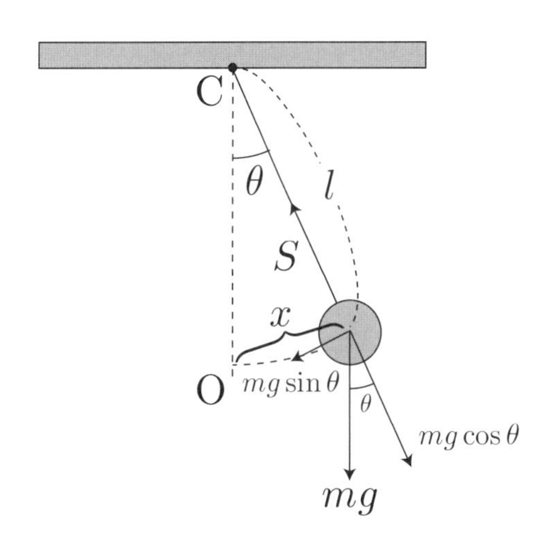

図 3.1　ボルタ振り子

$$ml\frac{\mathrm{d}^2\theta}{\mathrm{d}t^2} = -mg\theta \tag{3.4}$$

となる．ここで，$x = l\theta$ であったから，運動方程式 (3.4) は，

$$m\frac{\mathrm{d}^2 x}{\mathrm{d}t^2} = -m\frac{g}{l}x, \tag{3.5}$$

と変位 x を用いて表すこともできる．この方程式は，加速度が変位に比例する形であり，これは，ばね定数 k のばねにつながれた質量 m の物体の**単振動運動**を表す運動方程式，

$$m\frac{\mathrm{d}^2 x}{\mathrm{d}t^2} = -kx, \tag{3.6}$$

と同じ形をしている．この方程式の解は，時間 t の関数で与えられ，$x = x(t)$ の形で表される．物体の初期位置を A，初速度を 0 とすると，運動方程式 (3.6) の解は，三角関数を用いて，

$$x(t) = A\cos(\omega t) \tag{3.7}$$

で与えられる (詳細は 3.5 の補足を参照のこと)．ここで，A は**振幅**，ω は**角振動数**であり，角振動数は，ばね定数 k と質量 m を用いて，

$$\omega = \sqrt{\frac{k}{m}} \tag{3.8}$$

で与えられる．図 3.4 に，この運動の $x-t$ グラフを表す．このグラフから，物体は振幅 A で**周期** T の単振動運動をすることがわかる．周期 T は，物体が $x(0) = A$ の位置から振動を始めてから，その位置に戻ってくるまでの時間である．したがって，$t = 0$ または T のとき，$x = A$ であるから，$A\cos(0) = A\cos(\omega T) \quad \rightarrow \quad \omega T = 2\pi$ より，

$$T = \frac{2\pi}{\omega} = 2\pi\sqrt{\frac{m}{k}} \tag{3.9}$$

で与えられる．

以上の結果を振り子の運動に適用すると，振幅角 $\theta = \theta(t)$ は，

$$\theta(t) = \alpha\cos(\omega t) \tag{3.10}$$

のように，時間 t の関数として，単振動運動の場合と同様に，三角関数を用いて表せる．ここで，α は**最大振幅角**である．したがって，運動方程式 (3.5) にしたがう振り子の運動は，点 O の周りで半径 l の円の円弧に沿って周期的な

振動運動をする．このような運動を**単振り子運動**とよぶ．式 (3.5) と式 (3.6) を比較すると，mg/l がばね定数 k に対応するので，単振り子運動の角振動数 ω は，

$$\omega = \sqrt{\frac{g}{l}} \tag{3.11}$$

で与えられ，周期 $T = 2\pi/\omega$ は，

$$T = 2\pi\sqrt{\frac{l}{g}} \tag{3.12}$$

で与えられる．この式から，単振り子の周期は球の質量や振幅に関係しないことがわかる．式 (3.12) を g について解くと，

$$g = \frac{4\pi^2}{T^2}l \tag{3.13}$$

が得られる．これから，重力加速度の大きさ g を，周期 T，糸の長さ l を測定することによって，評価することができる．

3.3　実験

【実験の概要】

実験で使用する器具は，支台A，台座B，刃先C，針金と金属球からなるボルタ振り子 (図3.2)，望遠鏡，ストップウォッチ，カウンター，ノギス，補助尺，水準器，巻尺である．これらを用いて，周期 T，糸の長さ l，金属球の半径 r，最大振幅角 α を測定し，式 (3.13) から，重力加速度の大きさ g を計算する．

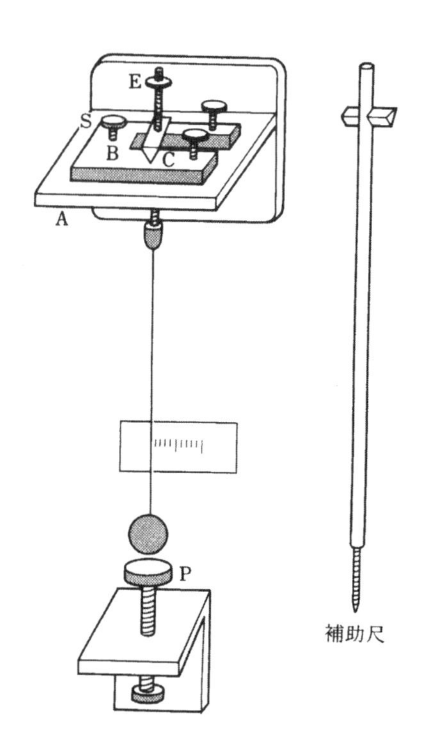

図 3.2　ボルタ振り子と補助尺

【実験準備】

(1)　**台座の調整**

台座Bに水準器を載せ，ねじSで台座Bが水平になるようにする．

(2)　**望遠鏡の調整**

おもりと針金のついた刃先を刃先の方向に注意して台座Bの上に載せる．望遠鏡は目盛尺から1.5 m ぐらい離して，針金に焦点が合うように接眼部を調整する．

(3)　**長さの測定**

おもりの半径を r，支点からおもりの中心までの距離を糸の長さ l とし，以下の手順で測定する．

① 基準台Pを少しずつ上げ，上面が球の下端にふれるところでやめる．振り子の位置を横にずらし，台座BとPの上面に補助尺を合わせ，その長さ $l + r$ を基準尺で測る．

② おもりの直径 $2r$ をノギスで測定する．

③ ①で求めた長さから r を引けば，糸の長さ l が求められる．

(4)　**振り子の位置の調整**

振り子のついた刃先を再び台座Bの上に載せ，針金が目盛の0のところへくるように刃先の位置を調整する．

【周期の測定】

(1) 針金の部分が 1～2 目盛動く程度におもりを持ち上げ，静かにはなす.

(2) 1 人が望遠鏡をのぞき，振り子の針金部分が 0 にきたときから測定を開始し，振り子が振動する回数をカウンターで数える．表 3.1 の測定例に示すように，振動回数 10 回目ごとにストップウォッチのラップを刻み，190 回までの振動時間を測定する．ここで，振動回数の数え間違いに注意しよう．ストップウォッチのボタンを押したときの振動回数はまだ 0 回であり，最初に目盛りの 0 を通過し最大振幅角まで振り子が振れて，再び 0 に戻ってきたときは，振動回数はまだ 0.5 回である.

表 **3.1**　振動回数と振動時間の測定

振動回数	時計の読み (s)	振動回数	時計の読み (s)	100 回分の振動時間 (s)
0	0	100	205.50	205.50
10	20.56	110	226.10	205.54
20	41.06	120	246.72	205.66
30	61.66	130	267.26	205.60
40	82.15	140	287.75	205.60
50	102.47	150	308.34	205.87
60	123.47	160	328.88	205.41
70	143.94	170	349.44	205.50
80	164.47	180	370.03	205.56
90	184.94	190	390.72	205.78

100 回分の平均振動時間 = 205.60 s

$$T = \frac{205.60}{100} = 2.0560 \text{ s}$$

(3) 測定の最初の方で振幅角 α_{i}, 最後の方で振幅角 α_{f} を求めておき，その積を最大振幅角 α の自乗とする ($\alpha^2 = \alpha_{\mathrm{i}}\alpha_{\mathrm{f}}$). ここで，振幅角 $\alpha_{\mathrm{i,f}}$ は，

$$\alpha_{\mathrm{i,f}} = \frac{\text{目盛尺における振幅 } a}{\text{刃先から目盛尺までの長さ } b}$$

で与えられる.

(4) 10 回目ごとに測定した時間を表 3.1 に示すように表にし，100 回分の平均振動時間を計算し，周期を計算する．たとえば，振動回数 100 の時間の読みから振動回数 0 の時間の読みを引けば，100 回分の振動時間が得られる．このように，1 周期ではなく，100 周期を測定することにより，時間の有効数字を 2 桁増加させることができる.

(5) 以上で求めた糸の長さ l と周期 T を式 (3.13) に代入し，重力加速度の大きさ g を計算する.

3.4　実験結果の整理と課題

(1) 実験により求めた重力加速度の大きさと p.115 の付録の表にある川越市の重力加速度の大きさを比較し，相対誤差,

$$\frac{|\,\text{川越市の値} - \text{測定値}\,|}{\text{川越市の値}} \times 100\,\%$$

を計算し，実験で用いた測定器の精度に留意して，結果を検討する.

(2) 今回の実験では，金属球を質点として扱ったが，ボルダ振り子を用いてより正確に重力加速度の大きさを評価する為には，金属球を**剛体球**とし，単振り子を**剛体振り子**として扱う必要がある．このとき，重力加速度の大きさ

を求める式は，式 (3.13) から補正が加わって，

$$g = \underbrace{\frac{4\pi^2}{T^2} l}_{\text{(i)}} \underbrace{\left(1 + \frac{2}{5}\frac{r^2}{l^2}\right)}_{\text{(ii)}} \underbrace{\left(1 + \frac{\alpha^2}{8}\right)}_{\text{(iii)}}$$

のように与えられる (剛体振り子の詳細は 3.5 の補足を参照のこと)．この式の (ii), (iii) の補正部分を計算し，実験により求めた (i) の値の何桁目がどれだけ補正を受けるか考察する．

(3) 単振り子運動をエネルギー保存の立場から考察し，金属球の最大速度の大きさ $v_{\max}$ を実験値を用いて求める．ここでは，金属球を質点として扱う．点 O を重力による位置エネルギーの基準にとると，力学的エネルギー保存則は，

$$\frac{1}{2} m v_{\max}^2 = mgl(1 - \cos\alpha)$$

で与えられる．ここで，計算の際，$\cos\alpha \simeq 1 - \alpha^2/2$ を用いる．

3.5　補足

【ばねにつながれた物体の運動：単振動運動】

図 3.3 のように，質量 m の物体にばね定数 k のばねを取り付け，ばねを自然長より A だけ引き伸ばし静かに手をはなしたときの物体の運動を考える．このとき物体は，ばねによる**弾性力**によって，常に原点 O に向かう復元力を受ける．物体の原点 O からの変位を $x > 0$ とすると，物体は x 軸負の方向に大きさ kx の力を受けるから，運動方程式は式 (3.1) により，

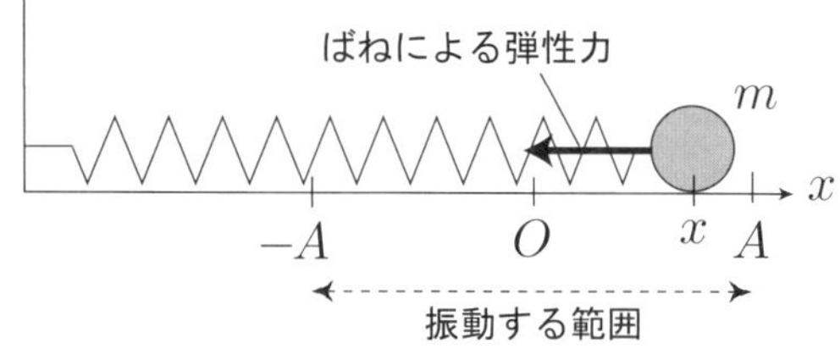

図 3.3　ばねによる単振動運動

$$ma = m\frac{\mathrm{d}^2 x}{\mathrm{d}t^2} = -kx, \qquad (3.14)$$

で与えられる．ここで注意が必要なのは，加速度は物体の変位 x によって変化するので，時間の経過とともに変化することである．これは，自由落下運動のような等加速度運動とは異なる．

さて，上の運動方程式 (3.14) は数学的には**定数係数 1 解線形微分方程式**と呼ばれるもので，一般解 $x = x(t)$ は三角関数を用いて，

$$x(t) = B\sin(\omega t + \phi) \qquad (3.15)$$

と表すことができる．ここで，B は**振幅**，ϕ は**初期位相**，ω は**角振動数**である．この ω は，式 (3.15) を式 (3.14) に代入することにより，

$$-mB\omega^2 \sin(\omega t + \phi) = -kB\sin(\omega t + \phi), \quad \to \quad m\omega^2 = k, \quad \to \quad \omega = \sqrt{\frac{k}{m}}$$

と，ばね定数 k と物体の質量 m を用いて表される．また，振幅 B，ϕ は**初期条件**から決めることができる．今の場合，時刻 $t = 0$ において，変位: $x(0) = A$，速度: $v(0) = \dfrac{\mathrm{d}x(0)}{\mathrm{d}t} = 0$ から，

$$x(0) = B\sin\phi = A,$$
$$v(0) = \frac{\mathrm{d}x(0)}{\mathrm{d}t} = B\omega\cos\phi = 0$$

により，$B = A, \phi = \pi/2$ が求められる．したがって，質点の単振動を表す運動方程式 (3.14) の解は

$$x(t) = A\cos(\omega t) \qquad (3.16)$$

で与えられる．図 3.4 にこの運動の x-t グラフを表す．このグラフからわかるように，物体は振幅 A で周期運動を行うことがわかる．このような運動を**単振動運動**とよぶ．単振動運動の**周期** T は，1 回の振動にかかる時間のことであるから，これは，

$$A\cos(\omega T) = A, \quad \to \quad \omega T = 2\pi, \quad \to \quad T = \frac{2\pi}{\omega} = 2\pi\sqrt{\frac{m}{k}}$$

により与えられる．

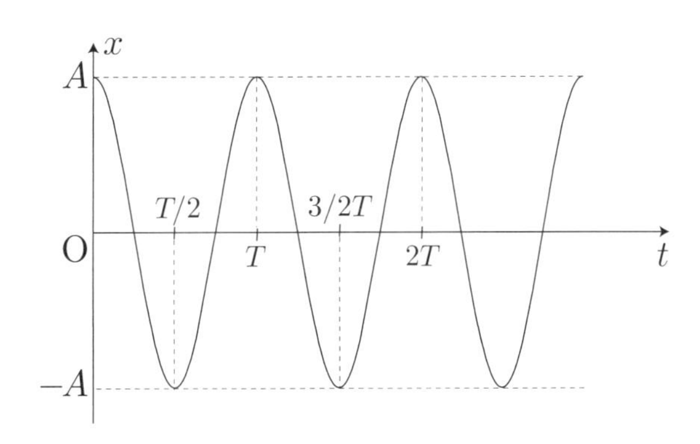

図 3.4 単振動運動を表す $x = A\cos(\omega t)$ のグラフ．周期は $T = 2\pi/\omega$ で与えられる．

【ボルタ振り子 (剛体振り子)】

ここでは，図 3.1 の振り子を**剛体**とみなし，点 C のまわりの回転運動の方程式を考えよう．一般に，剛体の回転運動については以下の方程式，

$$I\beta = N \tag{3.17}$$

にしたがう．ここで，I は回転軸周りの**慣性モーメント**，β は**角加速度**，N は**力のモーメント**である．これらの量は，それぞれ，質点の質量 m，加速度 a，力 F に相当するものである．この回転運動の方程式を剛体振り子の運動に用いてみよう．

まず，角加速度は，振幅角 θ を用いて，$\beta = \dfrac{\mathrm{d}^2\theta}{\mathrm{d}t^2}$ で与えられる．次に，点 C のまわりの力のモーメントは，図 3.1 より左回りを正として，$-mgl\sin\theta$ で与えられるから，回転運動の方程式 (3.17) は，点 C のまわりの剛体球の慣性モーメントを I として，

$$I\frac{\mathrm{d}^2\theta}{\mathrm{d}t^2} = -mgl\sin\theta$$

となる．質点の場合と同様に $\theta \ll 1$ の状況を考えると，方程式は，

$$I\frac{\mathrm{d}^2\theta}{\mathrm{d}t^2} = -mgl\theta \quad \to \quad m\frac{\mathrm{d}^2x}{\mathrm{d}t^2} = -m\frac{mgl}{I}x$$

となるから，単振動の運動方程式 (3.14) と比較することによって，周期 T は

$$T = 2\pi\sqrt{\frac{I}{mgl}}$$

で与えられることがわかる．この場合も周期は振幅に関係しない．

【微小振動からのずれの補正】

振り子の振幅角が微小でない場合は，$\sin\theta \simeq \theta$ の関係が使えないので，単振動運動を表す運動方程式 (3.14) から周期を求めることはできない．ここでは，剛体振り子の振動周期を別の角度から考察しよう．

最大振幅角を α とすると，エネルギー保存則より，

$$\frac{1}{2}I\left(\frac{\mathrm{d}\theta}{\mathrm{d}t}\right)^2 + mgl(1-\cos\theta) = mgl(1-\cos\alpha) \tag{3.18}$$

が成り立つ．ただし，おもりの最下点の位置を位置エネルギーの基準とした．ここで，左辺第 1 項は剛体の回転エネルギー (運動エネルギー) である．これから，

$$\frac{\mathrm{d}\theta}{\mathrm{d}t} = \sqrt{\frac{2mgl}{I}}\sqrt{\cos\theta - \cos\alpha} \tag{3.19}$$

となるので，周期 T は，

$$\begin{aligned} T &= \int_0^T \mathrm{d}t \\ &= 4\sqrt{\frac{I}{2mgl}}\int_0^{\alpha}\frac{\mathrm{d}\theta}{\sqrt{\cos\theta-\cos\alpha}} \\ &= 4\sqrt{\frac{I}{mgl}}\int_0^{\alpha}\frac{\mathrm{d}(\theta/2)}{\sqrt{\sin^2(\theta/2)-\sin^2(\alpha/2)}} \end{aligned} \tag{3.20}$$

と積分で表せる．ここで，右辺に 4 が現れるのは，周期は振幅角が 0 から α まで振り子が振れるのにかかる時間の 4 倍だからである．ここで，さらに，$\sin(\theta/2)=\sin(\alpha/2)\sin v$ とおき，積分変数を θ から v に変換すると，

$$T = 4\sqrt{\frac{I}{mgl}}\int_0^{\pi/2}\frac{\mathrm{d}v}{\sqrt{1-\delta^2\sin^2 v}} \tag{3.21}$$

となる（右辺の積分は**第一種の楕円積分**と呼ばれている）．ここで，$\delta=\sin(\alpha/2)$ とした．$\delta \ll 1$ として分母を

$$(1-\delta^2\sin^2 v)^{-1/2} \simeq 1+\frac{1}{2}\delta^2\sin^2 v+\cdots \tag{3.22}$$

と展開すると，

$$\begin{aligned} T &= 4\sqrt{\frac{I}{mgl}}\int_0^{\pi/2}\frac{\mathrm{d}v}{\sqrt{1-\delta^2\sin^2 v}} \\ &\simeq 4\sqrt{\frac{I}{mgl}}\int_0^{\pi/2}\left(1+\frac{1}{2}\delta^2\sin^2 v+\cdots\right)\mathrm{d}v \\ &= 4\sqrt{\frac{I}{mgl}}\left(\frac{\pi}{2}+\frac{\pi}{2}\frac{1}{4}\delta^2+\cdots\right) \\ &= 2\pi\sqrt{\frac{I}{mgl}}\left(1+\frac{1}{16}\alpha^2+\cdots\right) \end{aligned} \tag{3.23}$$

となる．ここで，$\delta=\sin(\alpha/2)\simeq\alpha/2$ を使った．

【慣性モーメントの値からの周期 T の補正】

次に，糸の質量が無視できる場合には，点 C のまわりの慣性モーメント I は**平行軸の定理**により，半径 r，質量 m の球の重心のまわりの慣性モーメント $I_{\mathrm{G}}=\frac{2}{5}mr^2$ を用いて

$$I = I_{\mathrm{G}}+ml^2$$

と表せる．したがって，点 C のまわりの慣性モーメント I は

$$\begin{aligned} I &= I_{\mathrm{G}}+ml^2 \\ &= m\left(\frac{2}{5}r^2+l^2\right) \end{aligned} \tag{3.24}$$

と表されるから，$r \ll l$ のとき，

$$\begin{aligned} \sqrt{\frac{I}{mgl}} &= \sqrt{\frac{m}{mgl}\left(\frac{2}{5}r^2+l^2\right)} \\ &= \sqrt{\frac{l}{g}}\sqrt{1+\frac{2}{5}\frac{r^2}{l^2}} \\ &\simeq \sqrt{\frac{l}{g}}\left(1+\frac{1}{5}\frac{r^2}{l^2}\right) \end{aligned} \tag{3.25}$$

と近似できる．したがって，周期は

$$\begin{aligned} T &= 2\pi\sqrt{\frac{I}{mgl}}\left(1+\frac{1}{16}\alpha^2\right) \\ &\simeq 2\pi\sqrt{\frac{l}{g}}\left(1+\frac{1}{16}\alpha^2\right)\left(1+\frac{1}{5}\frac{r^2}{l^2}\right) \end{aligned} \tag{3.26}$$

となる．これからわかるように，右辺の最初の括弧の部分が，微小振動からのずれの補正，第 2 括弧の部分が，質点を剛体として扱ったことによる補正を表す．これから，重力加速度の大きさ g を求めると，

$$\begin{aligned} g &= \frac{4\pi^2}{T^2}l\left(1+\frac{1}{5}\frac{r^2}{l^2}\right)^2\left(1+\frac{1}{16}\alpha^2\right)^2 \\ &\simeq \frac{4\pi^2}{T^2}l\left(1+\frac{2}{5}\frac{r^2}{l^2}\right)\left(1+\frac{1}{8}\alpha^2\right) \end{aligned} \tag{3.27}$$

となる．

【平行軸 (Steiner) の定理】

重心 G を通るある軸に関する慣性モーメント I_{G} が知られているとき，これに平行でこれと l の距離にある軸に関する慣性モーメント I は

$$I = I_{\mathrm{G}} + ml^2$$

で与えられる．

[**証明**] 図 3.5 のように，剛体は x-y 平面内にあるとし，考える慣性モーメントの軸を原点 O を通る z 軸とする．重心 G の座標を $\boldsymbol{r}_{\mathrm{G}} = (x_{\mathrm{G}}, y_{\mathrm{G}})$ とすると，原点 O から重心 G までの距離 l は，$l^2 = x_{\mathrm{G}}^2 + y_{\mathrm{G}}^2$ と表せる．一方，重心 G に平行移動した座標系を x', y', z' 系とする．剛体を N 分割した i 番目領域の質量を m_i $(i = 1, 2, \cdots, N)$，座標をそれぞれの座標系で (x_i, y_i), (x_i', y_i') とすると，

$$x_i = x_{\mathrm{G}} + x_i', \quad y_i = y_{\mathrm{G}} + y_i', \quad \sum_{i=1}^{N} m_i x_i' = 0, \quad \sum_{i=1}^{N} m_i y_i' = 0$$

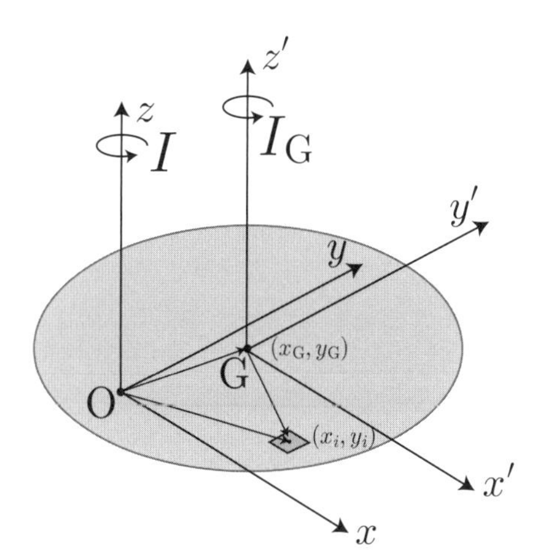

図 3.5 平行軸の定理

の関係がある．これらを使って，z 軸まわりの慣性モーメントは

$$\begin{aligned} I &= \sum_{i=1}^{N} m_i(x_i^2 + y_i^2) \\ &= \sum_{i=1}^{N} m_i\left\{(x_{\mathrm{G}} + x_i')^2 + (y_{\mathrm{G}} + y_i^2)^2\right\} \\ &= \sum_{i=1}^{N} m_i(x_{\mathrm{G}}^2 + y_{\mathrm{G}}^2) + \sum_{i=1}^{N} m_i\{(x_i')^2 + (y_i')^2\} + 2x_{\mathrm{G}}\sum_{i=1}^{N} m_i x_i' + 2y_{\mathrm{G}}\sum_{i=1}^{N} m_i y_i' \\ &= ml^2 + I_{\mathrm{G}} \end{aligned} \tag{3.28}$$

となる．ここで，$m = \sum_{i=1}^{N} m_i$ は剛体の全質量，$I_{\mathrm{G}} = \sum_{i=1}^{N} m_i\{(x_i')^2 + (y_i')^2\}$ は，重心を通る z' 軸周りの慣性モーメントである (**証明終**).

実験 4

等電位線の測定

4.1 目的

プラスチックの下敷きで髪の毛をこすると，髪の毛は下敷きに張り付いてくる．これは，静電気によって生じる電場によるものである．一般に正と負の電荷があると，この間には電位差が生じ電場ができる．本実験の目的は，電解槽法により静電場における等電位線の分布状態を測定し，電場の大きさと方向および電場と電位差の関係を理解することにある．

4.2 原理

【電場と電位差】

帯電した物体（帯電体）の周囲の空間の 1 点に電荷を帯びた粒子（点電荷）を置くと，この粒子間には電気力がはたらく．これは帯電体が周囲の空間に電気的な性質を与え，それが点電荷に電気力を作用したと考えることができる．このように，電気力がはたらく場を電場という．図 4.1 のように正負の点電荷を距離 r 離して置いた場合，正電荷から負電荷に向かって電場が生じ，この電場の向きに沿って電気力線が描ける．電気力線の密度を電場の大きさに比例するように描くと，電場の様子が直感的に理解しやすくなる．

高いところにある物体は，重力による位置エネルギーをもっているように，電場のなかにある電荷も位置エネルギーをもっている．一般に任意の電場 $\boldsymbol{E}$ において，点電荷 q の電気力による位置エネルギー U は，

$$U = qV \tag{4.1}$$

となる．ここで，V は電位と呼ばれ，電場 $\boldsymbol{E}$ と同様に場所によって決まる量である．電位の単位は J/C であるが，これを一般に V（ボルト）と表す．

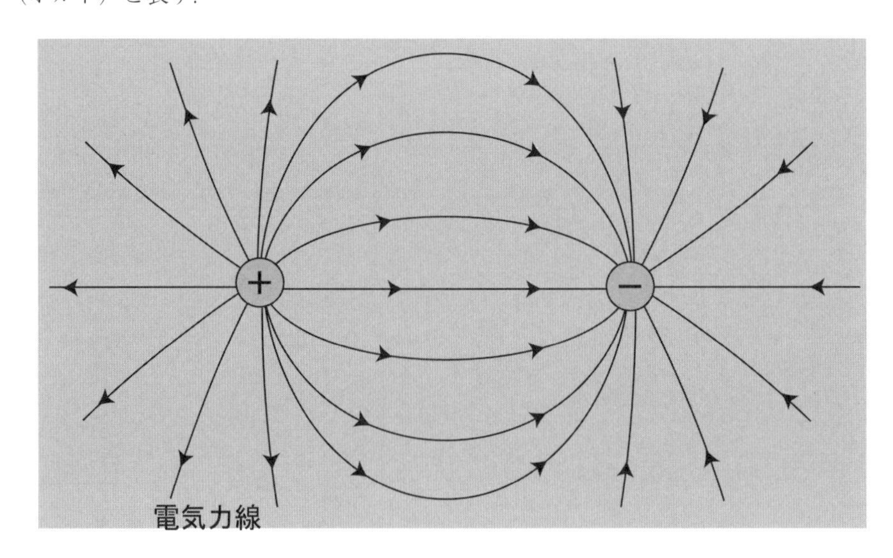

図 4.1　大きさが等しい正負の点電荷が作る電場と電気力線

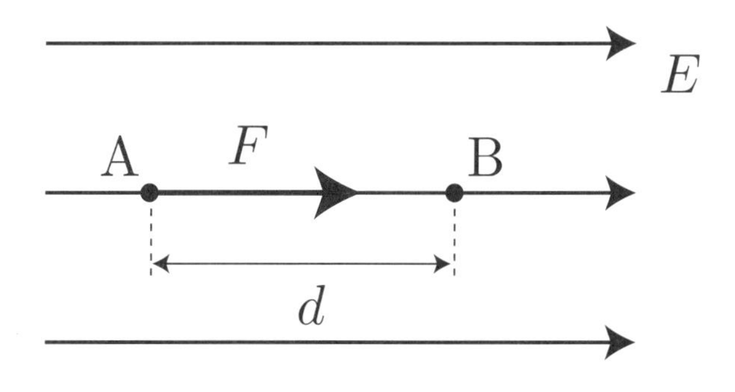

図 4.2　電位と電位差

2 点間の電位の差を電位差あるいは電圧という．電場の中で点電荷が移動するとき，電気力がする仕事は移動の前後の電位差で決まる．図 4.2 に示すように電場 $\boldsymbol{E}$ の中で点電荷 q は，大きさ $\boldsymbol{F} = q\boldsymbol{E}$ の電気力を受ける．点電荷 q が一様な電場に沿って A 点から B 点まで d 移動するとき，電気力 $\boldsymbol{F}$ が点電荷 q にする仕事 W は電場の大きさを E とすると，

$$W = Fd = qEd \tag{4.2}$$

となる．よって，B 点を基準にすると A 点にある電荷 q は電気力による位置エネルギーとして $W = qEd$ を有する．電気力は保存力なので，W は始点（A 点）と終点（B 点）だけで決まり，仕事 W は電荷 q に比例するので，

$$W = qV_{\mathrm{AB}} \tag{4.3}$$

となる．ここで，V_{AB} は基準 B 点に対する A 点の電位，すなわち A 点と B 点の電位差である．電位差の単位は電位と同じく V である．式 (4.2) と式 (4.3) を見比べると，電場の大きさ E は，

$$E = \frac{V_{\mathrm{AB}}}{d} \tag{4.4}$$

であることがわかる．電場の単位は一般に N/C であるが，式 (4.4) から V/m と表すことができる．このことから電場は電気力線に沿った単位長さあたりの電位差であることがわかる．

【等電位線】

電場中で電位の等しい点を連ねていくと 1 つの面ができる．これを等電位面という．また，等電位面をある線で切ると電位の等しい等電位線ができる．図 4.3 に正負の点電荷が作る電場（電気力線）と等電位線を示す．等電位線と電場は直交し，また式 (4.3) からわかるように等電位線上で電荷を動かすときの仕事はゼロである．図 4.4 に示すような微小距離 Δd 離れ，電位差が ΔV である 2 つの等電位線を考える． P 点における電場 $\boldsymbol{E}_{\mathrm{P}}$ の大きさは式 (4.4) より，

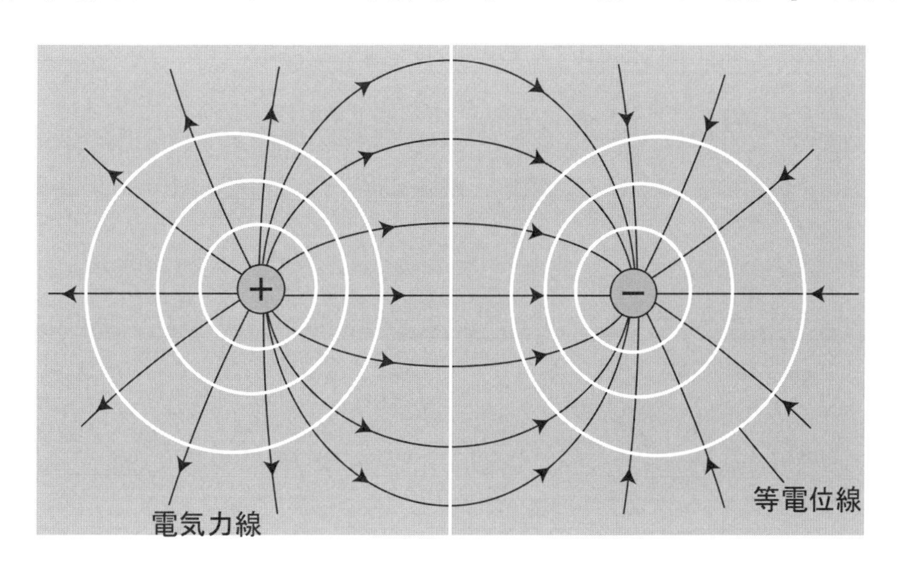

図 4.3　大きさが等しい正負の点電荷が作る電場（電気力線）と等電位線

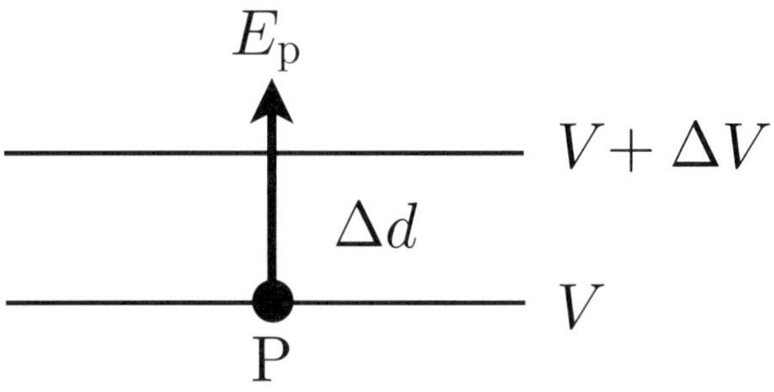

図 **4.4**　電位差と電場

$$E_{\mathrm{P}} = \frac{\Delta V}{\Delta d} \tag{4.5}$$

となる．

図 4.5 に示す等電位線において，A 点は等電位線の間隔が狭く，B 点はこれにくらべて広くなっている．式 (4.5) より等電位線の間隔が狭い A 点の電場の大きさは，B 点よりも大きいことがわかる．電場の様子（方向や大きさ）を表す方法には電気力線があるが，このように等電位線を一定の電位差ごとに描く方法も有用であることがわかる．

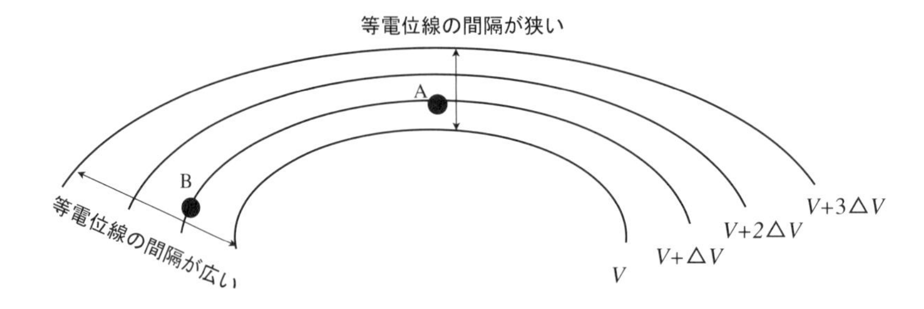

図 **4.5**　等電位線の間隔と電場の大きさ

4.3　実験

【実験の概要】

測定装置は図 4.6 に示すように電源，電圧計，水槽および電極から成り立っている．水を浅く張った水槽に正負の 2 つの電極を配置し，電圧計に接続された探針で水槽内の電位分布を測定する．電位分布の様子を方眼紙に描く．

【実験準備】

(1) 水槽が水平になるように水準器を用いて調整する．水槽に水道水を深さ約 10mm で一様になるように入れる．

(2) 図 4.6 に示すように電極板端子を水槽内に設置し，電源に接続する．また，電圧計の一方の端子を電源のアースに，他方の端子を探針に接続する．

【等電位線の測定】

(1) 水槽内で探針を縦方向に動かして，電圧計の値が 50V になる位置の点を読み取り方眼紙に記入する．横方向の測定間隔は 10mm とするが，電位の変化の急な場所はさらに細かく測定する．

(2) 同様の実験を電圧計の値が 40V, 30V, 20V, 10V になる点でも行う．

注意　本実験では水を使用する．濡れた手で電源や電圧計などの電気機器に触れると感電する恐れがあるので十分に注意すること．また，電気機器を水で濡らすと破損につながるので注意すること．

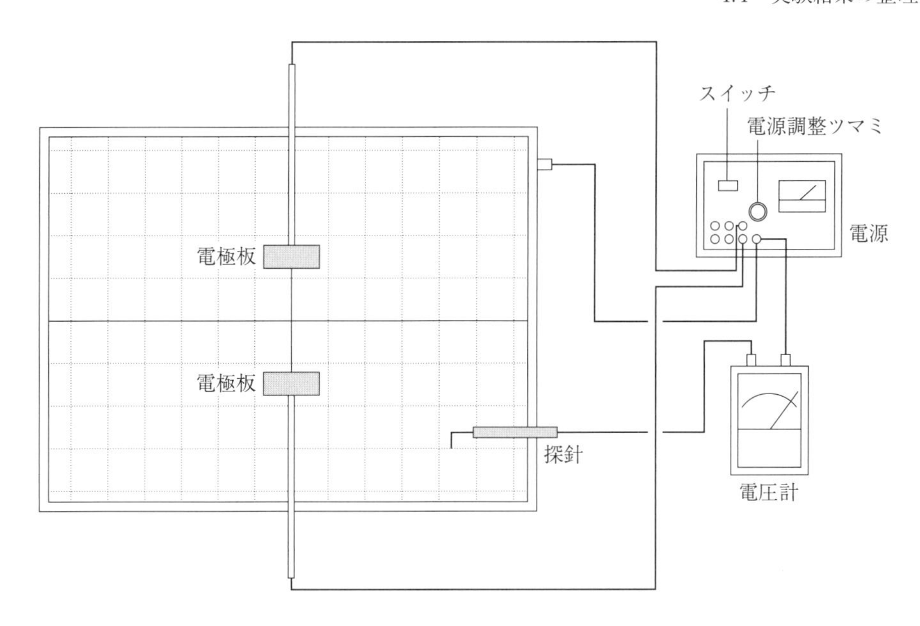

図 4.6　測定装置の概要

4.4　実験結果の整理と課題

【実験結果の整理】

(1) 電圧計で測定した同じ値の測定点を線で結び等電位線を作成する．その際，測定点を直線で結ぶのではなく，なめらかに曲線で結ぶこと．

(2) 等電位線に垂直に交わる曲線を描くと，その曲線は電気力線になる．一方の電極を一定の間隔で分割し，その点を出発点として等電位線に垂直になるように曲線を描き，電気力線を用いて電場の様子を示す．

【レポート課題】

任意の点 10 カ所を選び，(5) 式を用いて各点の電場の大きさを求めなさい．ただし，この測定では，Δd は無限小ではないので，ある一定の範囲の平均の電場の大きさとなる．

実験 5

ヤング率の測定

5.1 目的

弾性体がフックの法則に従って変形を起こすことを確認し，試料棒のヤング率を測定する．

5.2 原理

【弾性体とヤング率】

力を加えると変形を起こし，加えた力を取り除くと元の形に戻るという性質をもつ物体のことを**弾性体**と呼ぶ．変形の程度が十分小さい限り，弾性体の変形（正確には，単位長さあたりの変位で，これを**歪み**と呼ぶ）は加えられた力（正確には，単位面積あたりにはたらく力で，これを**応力**と呼ぶ）に比例し，ばねの場合と同様，これを**フックの法則**と呼ぶ．特に，ばねと同じように弾性体を伸び縮みさせるとき，ばね定数に対応する量を**ヤング率**と呼ぶ．たとえば，長さ ℓ，断面積 S の直方体状の弾性体を大きさ F の力で断面に垂直な方向に引っ張ったときに，その長さが $\delta\ell$ だけ伸びたとすると（図 5.1 参照），この弾性体には大きさ $\sigma = F/S$ の応力がかかって歪み $\varepsilon = \delta\ell/\ell$ が生じたことになり，これより，この弾性体のヤング率 E は，

$$E = \frac{\sigma}{\varepsilon} = \frac{F}{S}\frac{\ell}{\delta\ell} \tag{5.1}$$

と与えられる．

図 5.2 のように，直方体状の弾性体の両端を支えてその中点におもりを掛けると，弾性体は弓状に変形する．この

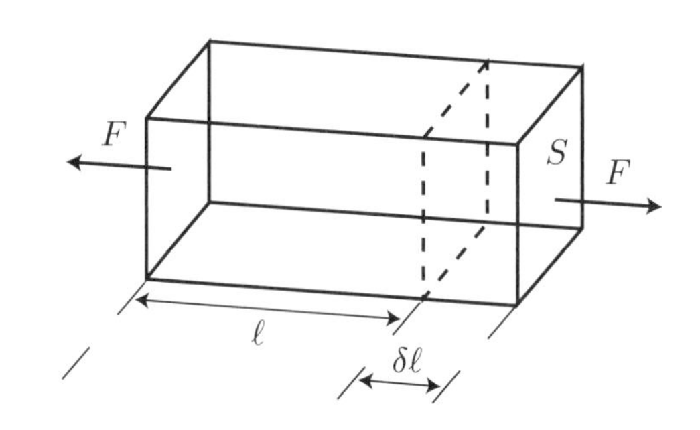

図 5.1　弾性体の伸び変形

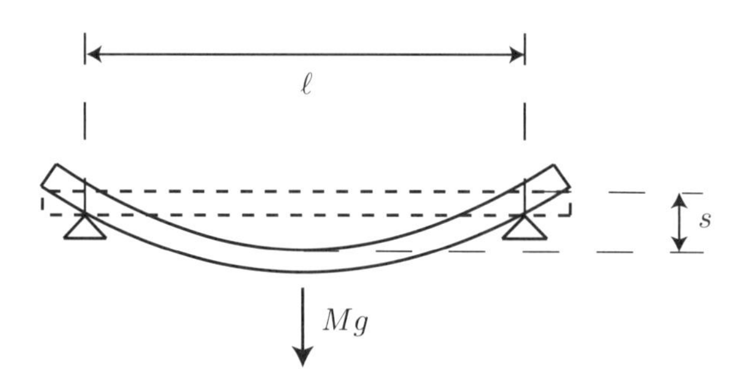

図 5.2　中心におもりを掛けたときの弾性体の変形

とき，弾性体の中点の降下量 s の大きさは弾性体の伸びに比例して大きくなるから，降下量 s とヤング率 E の間には式 (5.1) における $\delta\ell$ と E の間の関係と同様の関係が成立するはずである．詳細な計算によれば，厚さが a で幅が b の弾性体に質量 M のおもりを掛けたとき，ヤング率 E と降下量 s の関係は，

$$E = \frac{l^3}{4a^3b}\frac{Mg}{s} \tag{5.2}$$

と求められる．ただし，g は重力加速度の大きさである．

【光てこ】

降下量は非常に小さく，直接測定することは困難である．そこで，図 5.3 のように，測定したい弾性体の上に鏡を置き，それによって反射させたレーザーの反射光をものさしに投影する．弾性体の中点が降下すれば，鏡が傾いてレーザーの反射光も下がるので，ものさしの上で反射光が下がった長さ Δy を測定すれば，幾何学的に降下量 s を求めることができる．鏡とものさしの間の距離を x，鏡の回転半径を z とすれば，降下量 s とレーザーの反射光が下がった長さ Δy の間には

$$s = \frac{z}{2x}\,\Delta y \tag{5.3}$$

の関係が成り立つ．ただし，このとき，レーザーの入射光がほぼ水平であることが必要である．式 (5.3) において，x は z より十分大きくとれるから，降下量 s が小さくても，Δy は容易に測定できる程度の長さになる．このような仕組みを，通常のてこになぞらえて光てこと呼ぶ．

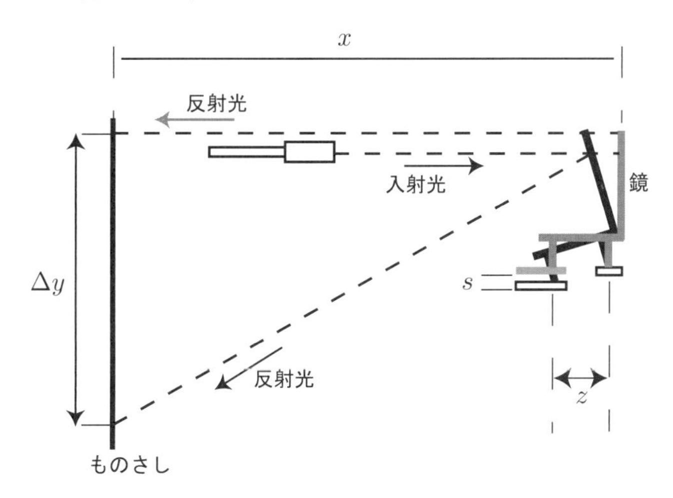

図 **5.3**　光てこの概略図

5.3　実験

【実験の概要】

ユーイングの装置を用い，おもりを掛けたときの試料棒の降下量を測定する．

【実験装置】

1. 試料棒 2 本：銅，鋼鉄
2. 測定器：金属製のものさし，マイクロメーター，ノギス，巻尺
3. ユーイングの装置（図 5.4 参照）：台，補助の金属棒，フック，天秤，鏡，レーザー，ものさし，おもり

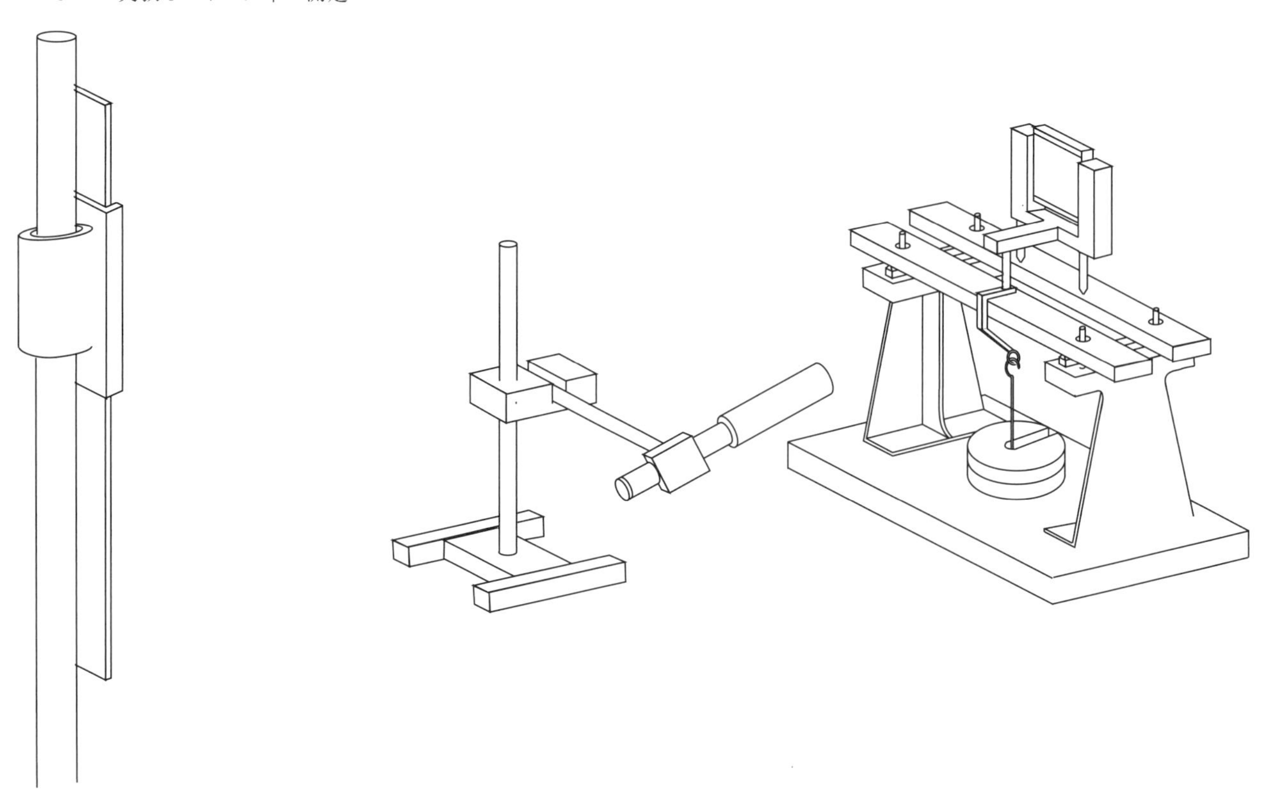

図 5.4　ユーイングの装置

【実験手順】

(1)　試料棒の大きさの測定

①　“支点間の距離” ℓ の測定

ユーイングの装置の支点間の距離 ℓ（図 5.2，および，図 5.5 参照）を，金属製のものさしを用いて 3 カ所測定する．

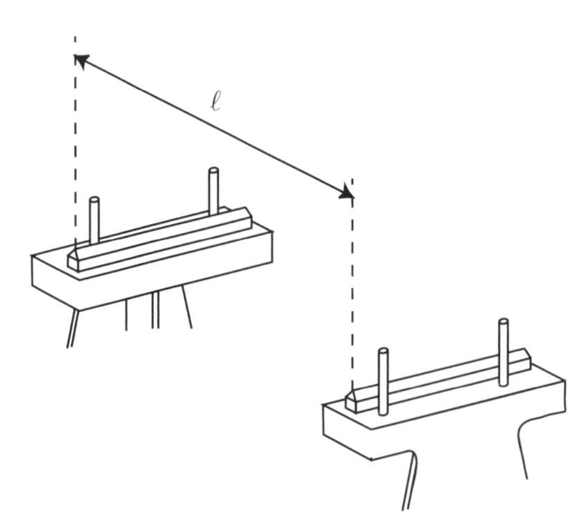

図 5.5　ユーイングの装置の “支点間の距離” ℓ.

②　試料棒の厚さ a の測定

2 つの試料棒それぞれの厚さ a（図 5.6 参照）を，マイクロメーターを用いて 3 カ所測定する．

③　試料棒の幅 b の測定

2 つの試料棒それぞれの幅 b（図 5.6 参照）を，ノギスを用いて 3 カ所測定する．

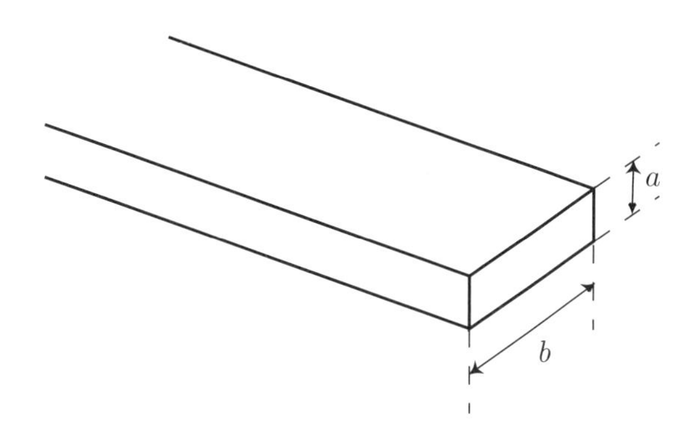

図 5.6 試料棒の厚さ a と幅 b

(2) 鏡の設置と光てこの測定

① 鏡の針の先端をノートに押し付ける．この針の先端が作る三角形の，鏡前部の針の先端から鏡に平行な辺へ下ろした垂線の長さ z（図 5.7 参照）を，ノギスで測定する．

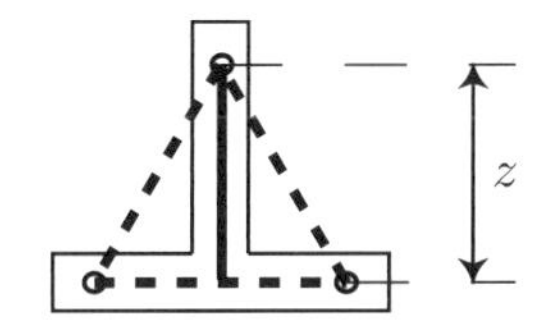

図 5.7 鏡を下から見た様子．針を頂点とする三角形（点線）の辺のうち，図中の水平な辺が鏡に平行な辺．

② 鏡に付いているひもの輪を補助の金属棒に通し，鏡前部の針が試料棒に，後部の針 2 つが補助の金属棒に乗るように，かつ，鏡前部の針が試料棒の中点に乗るように，鏡を設置する．

③ 鏡前部の針をフックの穴に通す．フックには天秤をつるし，天秤は振動しないように静止させる．

④ レーザー光の軌跡がほぼ水平になるように，かつ，その反射光がものさしに映るように，ものさしとレーザーを配置する．

⑤ 鏡の表面からものさしの表面までの距離 x を巻き尺で測定する．

(3) 降下量の測定

2 つの試料棒それぞれについて以下の測定を行う．

① 天秤におもりを載せていない状態で，レーザーの反射光の位置を測定する．

② 1 個 0.200 kg のおもりを 1 つずつ加えながら（増重），ものさしの上での反射光の位置を測定し，おもりの総質量が 1.00 kg （おもりが計 5 個乗った状態）になるまでこれを続ける．

③ 次におもりを 1 個ずつ減らしながら（減重），同様に反射光の位置を測定する．

注意! 目に危険なので，レーザーを直接のぞき込まないこと．

5.4　実験結果の整理と課題

【実験結果の整理】

(1)　実験装置に関するデータの整理

①　ℓ, a, b それぞれの測定値（3カ所）の平均値を求めて，単位を m に変換する．これらは表5.1のようにまとめる．

表 5.1　試料棒に関する測定値

		1カ所	2カ所	3カ所	平均値
支点間の距離 ℓ/m					
試料1（銅）	厚さ a/m				
	幅 b/m				
試料2（鋼鉄）	厚さ a/m				
	幅 b/m				

②　x と z の測定値の単位を m に変換し，$z/2x$ の値を計算しておく．これらは表5.2のようにまとめる．

表 5.2　光てこに関する測定値

x/m	z/m	$z/2x$

(2)　降下量の測定に関するデータの整理と計算

反射光の位置の（増重時と減重時の）測定値の平均値を $\overline{y}_n$（n はおもりの個数）とする．次に差 $\Delta y_n = \overline{y}_n - \overline{y}_0$ を求め，式 (5.3) より降下量 s を計算する．s の単位は m に変換し，これらは，表5.3のようにまとめる．

表 5.3　降下量の測定値

	おもりの質量 M/kg	反射光の位置 y_i/mm					降下量 s/m
		増重時	減重時	平均値 $\overline{y}_n$/mm		差 $\Delta y_n = \overline{y}_n - \overline{y}_0$	
試料1（銅）	0			$\overline{y}_0$		0	0
	0.200			$\overline{y}_1$			
	0.400			$\overline{y}_2$			
	0.600			$\overline{y}_3$			
	0.800			$\overline{y}_4$			
	1.00			$\overline{y}_5$			
試料2（鋼鉄）	0			$\overline{y}_0$		0	0
	0.200			$\overline{y}_1$			
	0.400			$\overline{y}_2$			
	0.600			$\overline{y}_3$			
	0.800			$\overline{y}_4$			
	1.00			$\overline{y}_5$			

【グラフの作成とヤング率の計算】

(1)　グラフの作成とグラフの傾き

①　図 5.8 のように，横軸に質量 M（単位は kg），縦軸に降下量 s（単位は m）をとり，2 つの試料棒について，質量 M と降下量 s の関係をプロットし，それぞれ原点を通る直線で結ぶ．

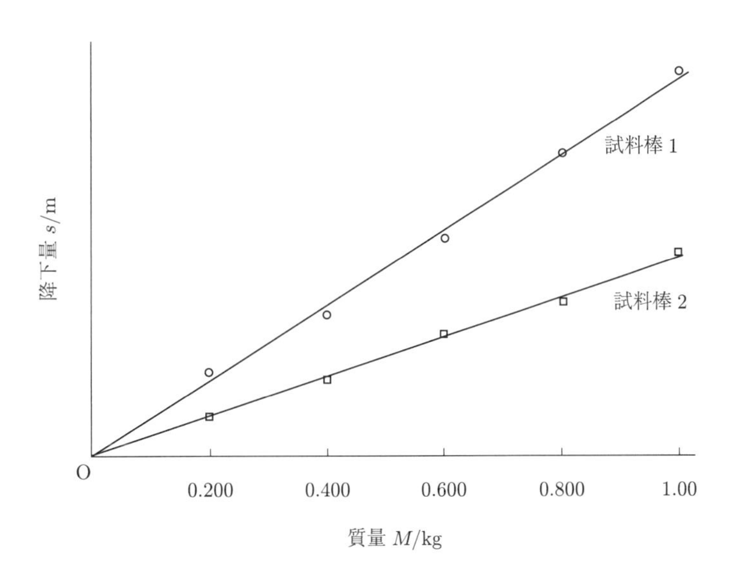

図 5.8　おもりの質量と降下量の関係

②　それぞれの試料棒について，グラフの直線の傾き k を，グラフから読み取る（k の単位は [m/kg]）．

(2)　ヤング率の計算

グラフの傾き k は，$k = s/M$ と書けるから，これを式 (5.2) に代入すると，

$$E = \frac{l^3}{4a^3b}\frac{g}{k} \tag{5.4}$$

を得る．式 (5.4) を用いて，それぞれの試料棒のヤング率を計算する．

【レポート課題】

①　実験で得られたヤング率の値と，p.116 の資料 B.6「弾性に関する定数」に記載されているヤング率の値を比較することにより，相対誤差を評価せよ．

②　実験で得られた結果のうち，どのような傾向からフックの法則が成り立つことが確認できるかを述べよ．

③　固い物質と柔らかい物質のどちらの方が降下量が大きいかは経験的に知っているであろう．このことと式 (5.2) を考慮することにより，固い物質と柔らかい物質のうち，どちらの方がヤング率が大きいかを答えよ．

実験 6

棒磁石における磁束分布の測定

6.1 目的

棒磁石をさぐりコイルの中で移動させ，コイルを貫く磁束の変化を測定することによって棒磁石内部の磁束分布を求める．

6.2 原理

小さな磁針を他の磁石の近くにおくと，小磁針は偶力を受けて回転し，ある方向を向いて止まる．このように小磁針がある方向に向くような何らかの力を受けているとき，そこには磁場があるという．小磁針を動かして磁場の方向をたどっていくと，1 つの線になる．これが磁束線であり，その方向は N 極から S 極に向かうものとする（図 6.1）．静磁場は，一定の電流のまわりの空間にも生じる（図 6.1）．

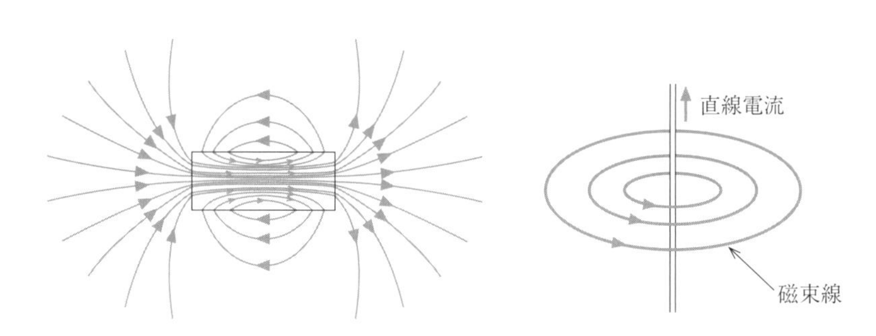

図 6.1　永久磁石の磁束線と直流電流による磁束線

物質内外の磁束密度を $\boldsymbol{B}$ とするとき，$\mathrm{div}\boldsymbol{B} = 0$ より，磁束線は物質の内外および境界を問わずどこでも循環している．磁束の単位は Wb（ウェーバ）で表され磁束密度の単位 T（テスラ）は $\mathrm{Wb/m^2}$ である．

導線が磁場の中で動くと，導線に起電力が生じ電流が流れる．この現象を電磁誘導といい，生じた起電力を誘導起電力という．導線を動かすかわりに磁石を動かしても同様の現象がみられる．これはファラデーによって発見され，次のように結論される：導線が磁束を切ると，導線にはその切る割合（単位時間に切る磁束量）に比例する大きさの起電力が生じる（6.5 補足参照）．

ここでは，棒磁石をさぐりコイルの中で移動させ，コイルを貫く磁束の変化を測定することによって棒磁石内部の磁束分布を求める．棒磁石を短時間にさぐりコイルの中で動かすと，コイルを貫く磁束が変化してさぐりコイルに誘導起電力が生じ，コイルに電流が流れる．そのためコイルにつながれた磁束計の指針が θ から θ' に変わる．変化磁束がさぐりコイルの各巻線と鎖交していれば，磁束の変化量 $\Delta\phi = |\phi - \phi'|$ は，磁束計の指針の変化 $\Delta\theta = |\theta - \theta'|$ に比例する．すなわち，

$$\Delta\phi = k\frac{\Delta\theta}{n} \tag{6.1}$$

と書ける（6.5 補足参照）．ただし，n はさぐりコイルの巻数，k は磁束計によって定まる定数である．棒磁石を遠方に持っていくことによって $\phi' = 0$ とすれば $\Delta\phi = \phi$ となり，コイルと鎖交する棒磁石の磁束 ϕ が，$\phi = k\dfrac{\Delta\theta}{n}$ で求め

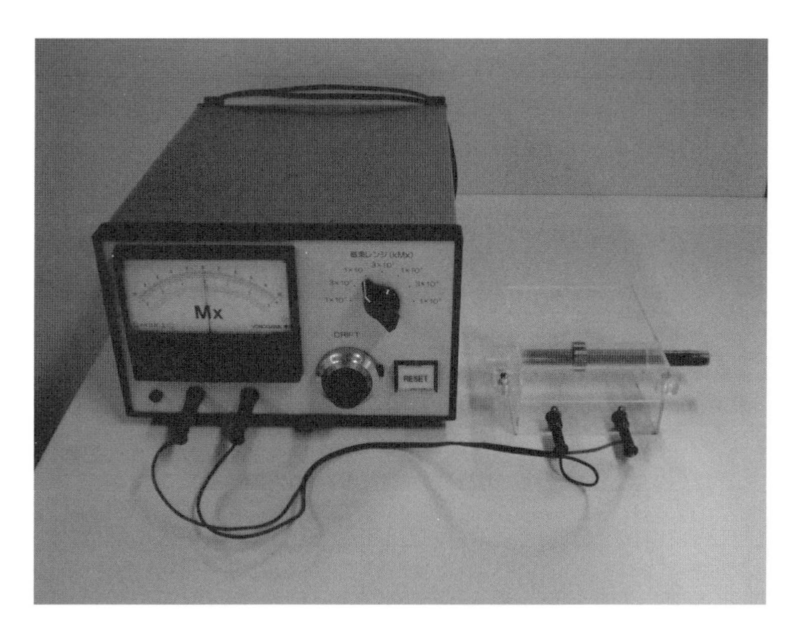

図 **6.2**　磁束計とさぐりコイル

られる．

6.3　実験

【実験の概要】

長さ 15 cm の棒磁石の一方の端を 0 cm とし，1 cm 間隔で 1 cm, 2 cm, $\cdots$, 14 cm, 15 cm（他端）とする．棒磁石の 0 cm から 15 cm の各位置の磁束を磁束計で 10 回測定し，棒磁石内部の磁束分布をグラフに表す．

まず，磁束計の指針が 0 であることを確かめる．0 でないときには［RESET］ボタンを押して 0 点に戻す．これによって，$\theta' = 0$ とみなす．棒磁石には 0 から 15 までの目盛りが付いたラベルが貼ってある．たとえば，棒磁石の 0 cm の位置の磁束を測定するときには目盛り 0 をコイルの端に合わせる（図 6.3 参照）．このとき棒磁石の 0 cm の位置がコイルの中央にきている．そのときの磁束計の指針 θ を読み取る．このようにして $\Delta\theta = |\theta - \theta'| = \theta$ とする．

注意　磁束計の針の振れる向きは，さぐりコイルへ入れる棒磁石の極性によっても，また，コイルと磁束計の接続の仕方によっても違ってくる．したがって，針が示す値によって棒磁石の極性を判断することはできない．それゆえ，ここでは θ がすべて+の値になるように絶対値をとるものとする．

【実験装置】 棒磁石，さぐりコイル，磁束計

【実験手順】

(1)　コイルを磁束計に接続する．

(2)　磁束計の背面にある SW を ON にする．

(3)　1×10^3 レンジに合わせる．

(4)　［RESET］ボタンを押して指針を 0 点に戻す．

(5)　コイルに棒磁石を差し込み，磁石の 0 の線をコイルの端に合わせる（図 6.3 参照）．フルスケール 10 目盛りで（目盛り 10 を 1 に読み替える）振れた指針の値 θ_0 を読み取り，表 6.1 のように実験ノートに記録する．

(6)　同様に 1 から 14 まで，$\theta_1, \theta_2, \cdots$ を測定する．15 はコイルの反対側の端に合わせ測定する（図 6.3 参照）．

(7)　棒磁石をコイルから抜き取り，［RESET］ボタンを押して指針を 0 点に戻す．

(8)　0 から 15 の測定を 10 回繰り返す．

(9)　磁束計の背面にある SW を OFF にし，配線を外す．

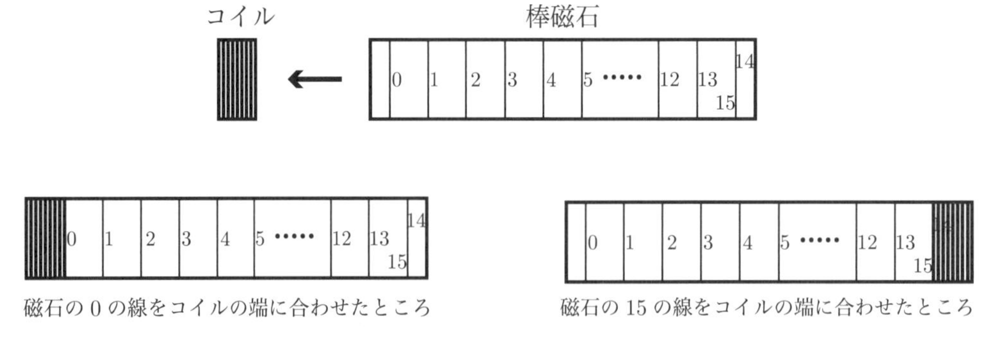

図 6.3　永久磁石の磁束の測定

表 6.1　棒磁石の磁束分布

単位：$\times 10^6$Maxwell · turns

測定回数	1 回	2 回	3 回	4 回	5 回	6 回	7 回	8 回	9 回	10 回	平均値	標準偏差
位置 0 [cm]												
1												
2												
$\cdots$												
15												

6.4　実験結果の整理と課題

【実験結果の整理】

平均値と標準偏差の計算

① 測定結果より，おのおのの平均値 $\bar{\theta}_0, \bar{\theta}_1, \bar{\theta}_2, \cdots$ および標準偏差 $\sigma_0, \sigma_1, \sigma_2, \cdots$ を計算する．ただし，標準偏差の求め方については，p.19 (4.51) を参照する．

② 磁束計で測定している量は磁束とコイルの巻数の積で単位は 10^6Mx（マクスウェル）· turns であるため，単位を Wb（ウェーバ）に変換し，棒磁石の各位置 i $(i = 0, 1, \cdots, 15)$ における磁束の平均値 $\bar{\phi}_i$ とその標準偏差 σ_{ϕ_i} を求める．

ただし，ここでは測定結果の平均値 $\bar{\theta}_i$ と標準偏差 σ_i の計算および単位の変換はパソコンで行い，結果を印刷することとする．

> **注意**　パソコンでは，磁束計の単位 10^6Mx· turns から磁束の単位 Wb に換算するため，以下の関係式と数値を用いている．
>
> 磁束計の単位 ······　1 目盛り $(k) = 10^3$ kMx·turns$= 10^6$ Mx·turns
>
> SI 単位系の磁束 ···　1 Wb $= 10^8$ Mx
>
> コイルの巻数 ······　$n = 200$ turns

棒磁石の磁束分布のグラフ作成

棒磁石の各位置 $i (i = 0, 1, \cdots, 15)$ における磁束の平均値と標準偏差より，棒磁石の磁束分布の様子 $\bar{\phi}_i \pm \sigma_{\phi_i}$ をグラフにする（図 6.4 および図 6.5 参照）．

単位長さあたりの磁束量の変化の計算

次に，$|\bar{\phi}_1 - \bar{\phi}_0|$, $|\bar{\phi}_2 - \bar{\phi}_1|$, $\cdots$ を求め，それぞれの標準偏差 $\sigma_{\phi_i}{}' = \sqrt{{\sigma_{\phi_i}}^2 + {\sigma_{\phi_{i-1}}}^2}$ を計算する．

単位長さあたりの磁束のグラフ作成

単位長さあたりの磁束変化 $|\bar{\phi}_i - \bar{\phi}_{i-1}| \pm \sigma_{\phi_i}{}'$ をグラフにする（図6.5 参照）.

> **注意**　$\bar{\phi}_i - \bar{\phi}_{i-1}$ の値は一般にその個所における磁石の外部から内部へ入る磁束線の数の 1 cm あたりの増減を示している．ここでは，**6.3 実験** の注意で述べた要因により棒磁石の極性を考えに入れていないため，この値によって，磁束線の増減を判断することはできない．したがって，ここでは $\bar{\phi}_i - \bar{\phi}_{i-1}$ がすべて正の値になるよう絶対値を付けることにした.

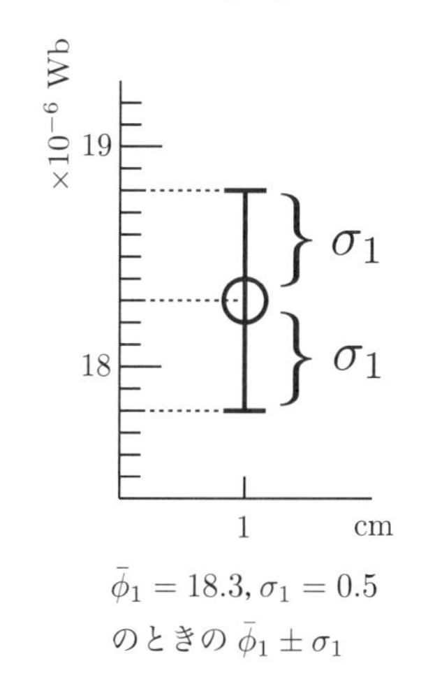

図 6.4　$\bar{\phi}_i \pm \sigma_{\phi_i}$ の書き方

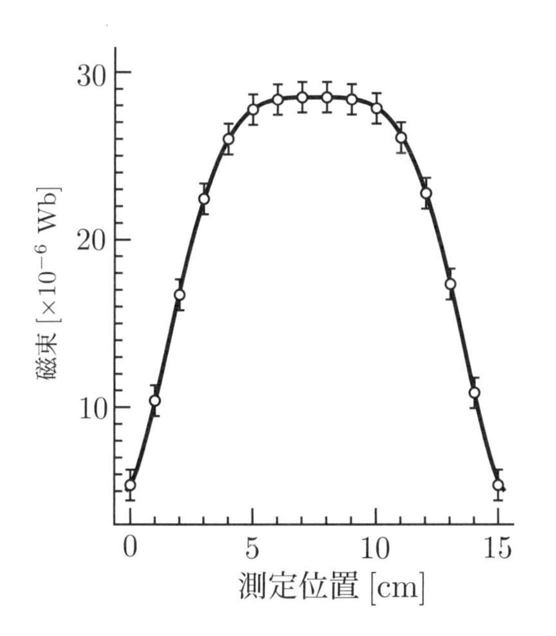

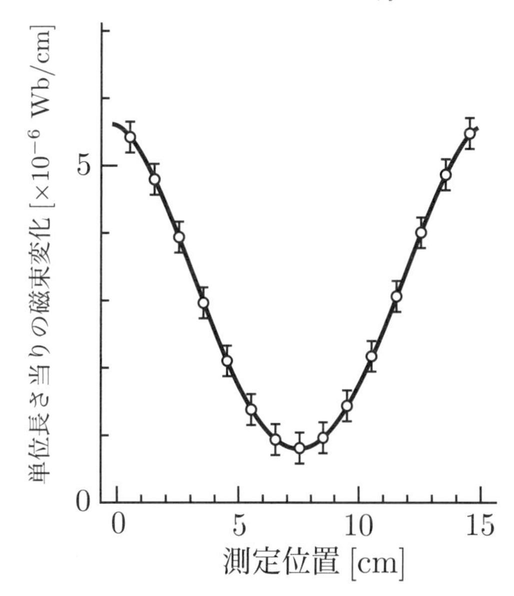

図 6.5　棒磁石の磁束分布と単位長さあたりの磁束変化

【レポート課題】

(1)　実験結果（図 6.5）を利用して棒磁石の内部および外部の大まかな磁束線を描け（ヒント：磁束線は磁束の値が大きいところほど密集している．また，磁束線は途切れることなく物質の内外および境界を問わず循環している）.

(2)　棒磁石の強さはどの位置が最も強いか考えよ．棒磁石は中心よりも端の方が鉄製のクリップをよく引き付けることは経験的に知っているであろう．実験の結果はこれと合っているか？　合っていない場合はその理由を考えよ（ヒント：磁束線の向きは何を表しているか考えよ．また，磁束の値が大きいところほど磁石の強さが強いことに注意せよ）.

(3)　物質の磁性を分類し，どのような機構で発生するのか調べよ.

6.5　補足：磁束変化 $\Delta\phi$ と磁束計の示度の変化 $\Delta\theta$ との関係式 (6.1) の導出

コイルの断面 S を貫く磁束 ϕ は，棒磁石内外の磁束密度を $\boldsymbol{B}$ とすると

$$\phi = \int_S \boldsymbol{B} \cdot \mathrm{d}\boldsymbol{S} \tag{6.2}$$

と書ける．このとき磁束の時間変化は次式で表される．

$$-\frac{\mathrm{d}\phi}{\mathrm{d}t} = -\int_S \frac{\partial \boldsymbol{B}}{\partial t} \cdot \mathrm{d}\boldsymbol{S} = \int_S \nabla \times \boldsymbol{E} \cdot \mathrm{d}\boldsymbol{S} = \oint_\Gamma \boldsymbol{E} \cdot \mathrm{d}\boldsymbol{l} \tag{6.3}$$

ただし，$\boldsymbol{E}$ は電磁誘導によって生じた電場，Γ はコイルの断面積を囲む曲線である．n 回巻きのコイルに生じる誘導起電力 V は，

$$V = n \oint_\Gamma \boldsymbol{E} \cdot \mathrm{d}\boldsymbol{l} \tag{6.4}$$

であるから，式 (6.3) および式 (6.4) より

$$-n\frac{\mathrm{d}\phi}{\mathrm{d}t} = V \tag{6.5}$$

となる．磁束計の回路抵抗を R とし，回路に流れる電流 i が $i = V/R$ と書ける場合に，式 (6.5) を時間について積分すると，

$$\Delta\phi = \frac{R}{n}\int i\,\mathrm{d}t = \frac{RQ}{n} \tag{6.6}$$

が得られる．コイルを貫く磁束の変化 $\Delta\phi$ は回路に流れた全電荷量 Q に比例する．そこで，磁束計の示度変化 $\Delta\theta$ を，磁束計に固有の定数を k として $RQ = k\Delta\theta$ となるように較正すれば，式 (6.1)

$$\Delta\phi = k\frac{\Delta\theta}{n}$$

が導かれる．ただし，k は，コイル内を移動する磁石の速度がある程度以上速く，また回路抵抗が小さい範囲では，速度や抵抗によらない定数とみなせる．

実験 7

平行平面コンデンサーにはたらく力の測定

7.1　目的

電気てんびんを用いて，平行平面コンデンサーの導体板間にはたらくクーロン力を測定し，その電気容量を求め，コンデンサー中に蓄えられる静電エネルギーと導体板間の電位差（電圧）の関係を理解する．

7.2　原理

絶縁体である空気中に面積 S の導体板を間隔 d で平行に配置し，導体板間に電位差 V の電圧をかけると，導体板には大きさ Q の正負の符号の電荷が生じる．電荷の大きさ Q と電位差 V は比例し，その比例係数を**電気容量**といい，記号 C で表すと，

$$Q = C\,V$$

である．面積 S の導体板を間隔 d で平行に並べた平行平面コンデンサーの場合，その電気容量 C は，空気の誘電率を ε として，

$$C = \frac{\varepsilon\,S}{d} \tag{7.1}$$

と表される．正負の電荷が導体板に生じたことにより，導体板間には大きさ

$$F = \frac{\varepsilon\,S}{2\,d^2}\,V^2 \tag{7.2}$$

の引力が生じ，その引力の仕事として導体板間に蓄積される静電エネルギー U は

$$U = \frac{\varepsilon\,S}{2d}\,V^2 = \frac{1}{2}\,C\,V^2 \tag{7.3}$$

である．

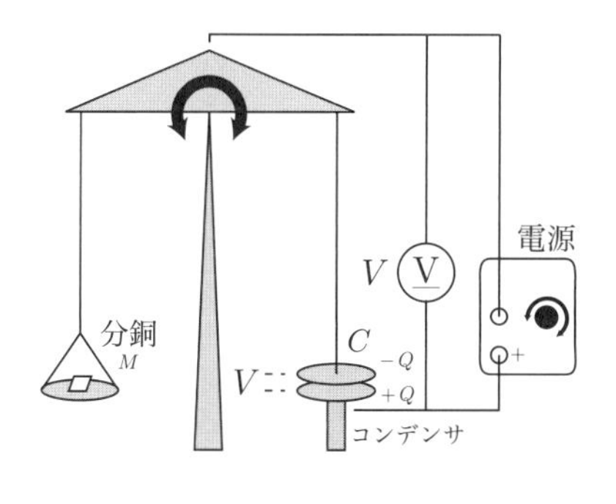

図 7.1　電気てんびん

電気てんびんは，てんびんの一方がコンデンサー C になっており，そのコンデンサーに生じる引力の大きさをもう一方のてんびんに載せた分銅に作用する重力の大きさで測定する装置である．分銅の質量を M，重力加速度の大きさを g とすると，式 (7.2) で表される引力と同じ大きさの重力が生じている場合，

$$\frac{\varepsilon\,S}{2\,d^2}\,V^2 = Mg \tag{7.4}$$

という関係が成立し，分銅の質量 M と導体板間の電位差の 2 乗 V^2 の間には

$$M = \frac{\varepsilon\,S}{2\,g\,d^2}\,V^2 \tag{7.5}$$

という比例関係が成立する．逆に，空気の誘電率 ε，導体板の面積 S があらかじめ与えられている場合，関係式 (7.4) あるいは (7.5) を満たす質量 M と電位差 V を測定することで，導体板の間隔 d は

$$d = \sqrt{\frac{\varepsilon\,S}{2\,g}\,\frac{V^2}{M}} \tag{7.6}$$

と求めることが可能になる．

7.3　実験

【実験の概要】

この実験は，原理で説明した電気てんびんを利用して，電位差 V の導体板間に作用する引力 (7.2) を測定すると同時に，その引力による仕事を介して導体板間に蓄えられる静電エネルギー (7.3) を求める実験である．

【実験装置】

電気てんびん，電圧計，直流電源

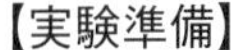

【実験準備】

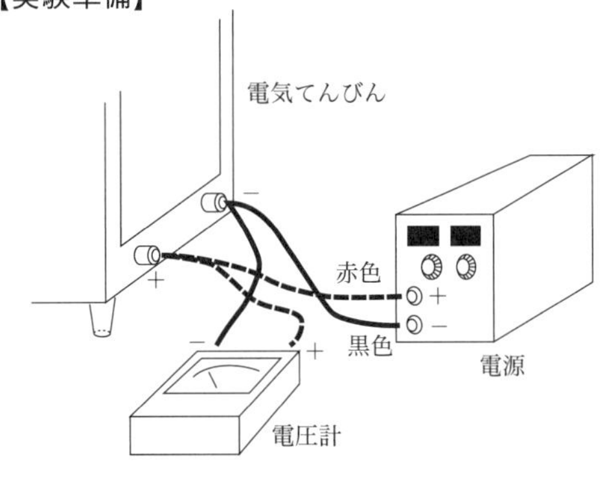

図 7.2　実験装置の配線

(1)　電気てんびん，直流電源，電圧計を図 7.2 のようにコードで接続する．コードは二股になっており，中央の端子を電気てんびんに，端の一方を電源，もう一方の端を電圧計に接続する．なお，接続の際には正負の極性に注意する．正の極性が赤色，負の極性が黒色で示されているので，コードも同じ色で統一する．

(2)　てんびんケースの水準器を真上から見て，水準器中の気泡が中央の円内にあるようにてんびん台部の足のねじを調整する．

(3)　導体板間の引力の測定で使用するため，表 7.1 をノートに記録する．

表 7.1　分銅の質量 M と電圧 V の関係

分銅 M	電圧 V						平均値の 2 乗
[mg]	1 回目	2 回目	3 回目	4 回目	5 回目	平均	V^2 [V^2]
50							
100							
150							
···							
500							

なお，分銅の質量 M の値は，50 mg から 50 mg ごとに 500 mg まで計 10 種類をとる．

【電圧 V の測定】

(1)　分銅皿に 500 mg の分銅を 1 つ載せ，電圧計を見ながら電源の電圧を 500 V 程度に上げておき，てんびんを固定しているクランプを外す．このとき急にクランプを外すとそのショックでてんびんの平衡がくずれるので，できるだけ静かに行う．

(2)　電源のつまみをまわして，電圧を徐々に下げていく．ある電圧まで下げるとてんびんの平衡がくずれ，てんびんは分銅皿の方へ傾く．そのときの電圧計の値を読む．この値は引力と重力の大きさがおおよそ同じ場合の電圧である．

(3)　再びてんびんのクランプを静かに戻し，電圧を (2) で求めた値より 50 V 程度上げる．クランプを外して，電圧を 10 V 間隔でゆっくり下げる．下げるごとに 5〜10 秒程度そのままの状態にしておき，てんびんの平衡がくずれなければ，電圧を下げることを繰り返す．この操作を繰り返して，平衡がくずれた直前の電圧を表 7.1 に記録する．

(4)　以上の測定操作を，分銅の質量 M が 450, 400, 350, 300, 250, 200, 150, 100, 50 mg の場合について行う．なお，原理の (7.5) 式から考えれば，分銅の質量 M が小さくなれば表に記録する電圧の値の 2 乗 V^2 も比例して小さくなるので，測定を開始する電圧は分銅の質量 M を変える前に測定した値を目安にできる．各質量について引力と重力の大きさが同じである電圧の測定を計5回行い，それぞれの質量ごとに電圧の平均を求め，その値の2乗を表7.1に記録する．

【$m - V^2$ のグラフ】

下図のように，【電圧 V の測定】の (4) で得られた表7.1より質量 M と電圧の2乗 V^2 の関係のグラフを描く．

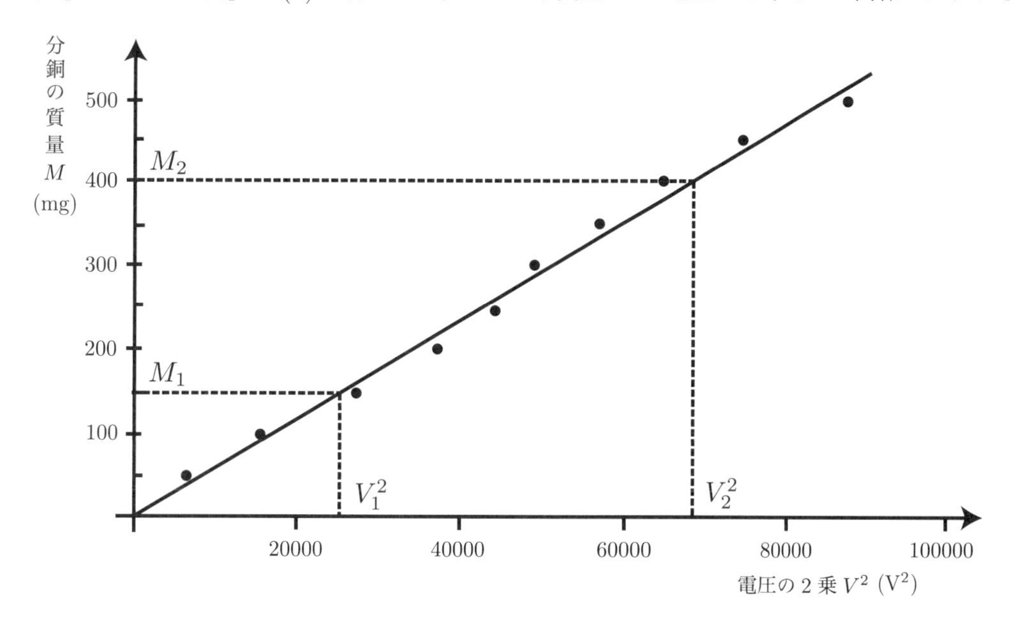

図7.3 電圧の2乗 V^2 と分銅の質量 M の関係

> **注意** 1mm方眼紙に座標軸を描く場合は，項目，単位，目盛りが余白にはみ出さないように軸の位置を選ぶこと．質量 M と電圧の2乗 V^2 の表のデータを点として描いた後，それらのデータ点が原点を通る直線上にない場合，そのずれが測定の誤差を表すので，誤差を打ち消して平均されるように原点を通る直線を引く．この操作により測定値の誤差がある程度取り除かれるので，データ点ではなく，上図のように直線上の2点を選んでそれらの値を方眼紙上の目盛りから読み取る．

【d の計算】

【$m - V^2$ のグラフ】で図7.3より読み取った値を，質量について M_1，M_2，電圧の2乗について V_1^2，V_2^2 と記号で表せば，

$$\frac{V^2}{M} = \frac{V_1^2 - V_2^2}{M_1 - M_2} \times 10^6 \equiv \beta$$

となるので，原理の式 (7.6) は

$$d = \sqrt{\frac{\varepsilon S \beta}{2g}}$$

と表され，これより導体板間の距離 d を求める．なお 10^6 は質量の単位を mg から kg に換算するために導入された量であり，導体板の面積 S は半径 3.50×10^{-2} m の円の面積と考え，空気の誘電率 ε，重力加速度の大きさ g は以下の量を用いること．

$$\varepsilon \approx \varepsilon_0 = 8.85 \times 10^{-12}\ \mathrm{F\,m^{-1}} \quad (\varepsilon_0\text{: 真空の誘電率}),$$

$$g = 9.80\ \mathrm{m\,s^{-2}}.$$

記号Fは電気容量の単位であり，ファラドと読む．

7.4　実験結果の整理と課題

【実験結果の整理】

【コンデンサーの電気容量の計算】

【d の計算】で求めた導体板間の距離 d を用いて，原理の式 (7.1) からコンデンサーの電気容量 C を求める．

【静電エネルギー U と電圧 V のグラフ】

【コンデンサーの電気容量の計算】で求めた電気容量 C を用いて，原理の式 (7.3) よりコンデンサーに 0, 5, 10, 15, 20, 25, 30 V の電圧 V をかけた場合の静電エネルギー U（単位は J）を求め，それを表にし，その関係を横軸に電圧 V，縦軸に静電エネルギー U をとってグラフにする．

【レポート課題】 レポートの考察には以下の点を考慮して自分なりの考えを書くこと．

(1)　図 7.3 で自分が引いた直線の傾きがより急であった，あるいは，より緩やかであった場合，コンデンサーの導体板間の距離 d，電気容量 C はどうなるか？

(2)　図 7.3 で自分が引いた直線の傾きがより急であった，あるいは，より緩やかであった場合，V–U のグラフはどのように変化するか？

いずれの場合も（傾きが急でも緩やかでも），データ点の許す範囲で，図 7.3 に新たに直線を引き，その直線のデータを用いて，導体板の間隔 d，電気容量 C を求め，V–U のグラフに新たな曲線を描いてみると，その差が顕著になる．

7.5　補足：原理式の導出

ガウスの法則によると，面密度 σ で一様に電荷が帯電した十分大きい平面のまわりの電場 $\vec{E}$ の大きさ E は，空気の誘電率を ε とすると

$$E = \frac{\sigma}{2\,\varepsilon}$$

と表される．電場 $\vec{E}$ の向きは σ の符号で変わり，$\sigma > 0$ では平面に直交する方向で平面から離れる向きであり，$\sigma < 0$ では平面に直交する方向で平面に向かう向きである．

面積が S と等しい 2 枚の導体板を間隔 d で平行にならべた場合，間隔 d が十分小さければ，その導体板は十分に大きい平面と考えることができる．2 枚の導体板に電荷を発生させるため，電源を図 7.1 のように接続し電圧 V をかけると，2 枚の導体板に生じる電荷は大きさが同じで符号が異符号になる．帯電した電荷の面密度が σ の場合，電荷の大きさ Q は $Q = \sigma\,S$ である．なお導体板のまわりに生じる電場 $\vec{E}$ は，左下図のように，大きさが同じで向きが異なる電場となる．

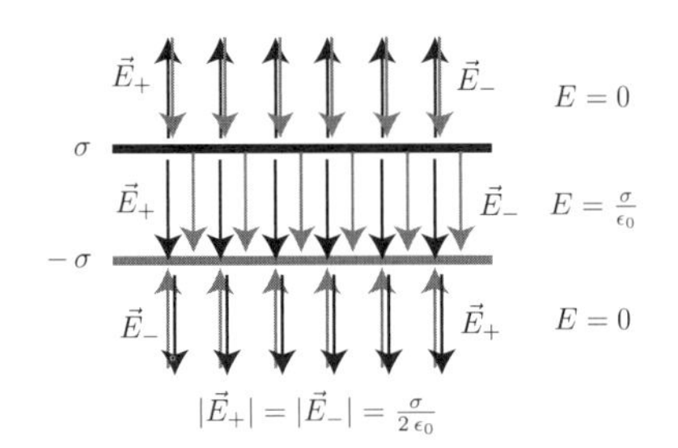

左図は，上側の電荷密度が正符号，下側が負符号として表した状況である（実験の場合とは上下が逆である）．電場が $\vec{E}_1, \vec{E}_2, \cdots$ と複数存在する場合，**電場の重ね合わせの原理**より，それらの電場をベクトル和した量がその点での電場 $\vec{E}$ となるから，この場合のように 2 枚の導体板に異符号の電荷が生じた場合，導体板の外側では電場の向きが逆向きとなり，そのベクトル和は $\vec{0}$ となる．一方，導体板にはさまれた内側では電場の向きが同じになり，その大きさ E は

$$E = \frac{\sigma}{2\,\varepsilon} + \frac{\sigma}{2\,\varepsilon} = \frac{\sigma}{\varepsilon}$$

となる．一様な大きさ E の電場中で距離 d 離れている場合の電位差（電圧）V は $V = E\,d$ であるので，この場合，導体板間にかけた電圧 V は，導体板間の距離が d であるから，

$$V = \frac{\sigma}{\varepsilon}\,d = \frac{\sigma\,d}{\varepsilon} \tag{7.7}$$

に等しい．導体板に生じる電荷の大きさ Q は $Q = \sigma\,S$ であり，電気容量 C の定義式 $Q = C\,V$ を考えると，この平行平面コンデンサー（平行板キャパシター）の電気容量 C は

$$Q = \sigma\,S = C\,V = C\,\frac{\sigma\,d}{\varepsilon} \text{ より} \qquad C = \frac{\varepsilon\,S}{d} \quad \text{（原理の (7.1) 式）}$$

となる．

電気てんびんの導体板に生じる引力の大きさ F は，大きさ $E_{-}=\dfrac{\sigma}{2\,\varepsilon}$ の電場中で電荷 $Q\ (>0)$ に作用する力の大きさ $Q\,E_{-}$ と同じである（自分自身の電荷により生じる電場によってその電荷自身に作用する力は $\vec{0}$ である）．電荷の大きさは $Q=\sigma\,S$ であるから，

$$F=\sigma\,S\,\frac{\sigma}{2\,\varepsilon}=\frac{1}{2}\,\varepsilon\,S\,\left(\frac{\sigma}{\varepsilon}\right)^2$$

である．式 (7.7) より，$\dfrac{\sigma}{\varepsilon}=\dfrac{V}{d}$ であるから，導体板に生じる引力の大きさ F は

$$F=\frac{1}{2}\,\frac{\varepsilon\,S}{d^2}\,V^2=\frac{1}{2}\,\frac{C}{d}\,V^2 \quad \text{(原理の (7.2) 式)}$$

と表される．

電荷 q を電位差（電圧）V で表される距離移動させた場合，その仕事 W は移動後の電荷が有する静電エネルギー U に等しい．すなわち，$U=W=q\,V$ である．電位差 V の平行平面コンデンサーに蓄えられる静電エネルギー U を求めるには，導体板間の電位差が $v\ (0\le v\le V)$ の場合に電位差 v を変化させない程度に小さい電荷 $\mathrm{d}q$ を導体板間で移動させた場合の微小仕事 $\mathrm{d}W(v)$ を求めて，$0\le v\le V$ の範囲で足し上げる（積分する）．すなわち

$$U=\int_0^V \mathrm{d}W(v)=\int_0^V v\,\mathrm{d}q=\int_0^V v\,C\,\mathrm{d}v=\frac{1}{2}\,C\,V^2=\frac{\varepsilon\,S}{2\,d}\,V^2 \quad \text{(原理の (7.3) 式)}$$

である．なお $\mathrm{d}q=C\,\mathrm{d}v$ の関係式は電気容量 C の定義式 $Q=C\,V$ と同じことである．

実験 8

電子の比電荷の測定

8.1 目的

一様な磁場に垂直な方向の速度をもつ電子の運動を観測することで，電子の比電荷を求める．電子の比電荷は，電子の質量を m，電荷を e とすると e/m で表され，基礎物理定数として重要な量であり，

$$\frac{e}{m} = 1.75881962 \times 10^{11} \approx 1.76 \times 10^{11}\ \mathrm{C\ kg^{-1}}$$

と評価されている．本実験では，磁場中の電子の運動を理解しこの値を再現することが目的である．

8.2 原理

一様な大きさ B の磁束密度で表される磁場中を運動する電子はローレンツ力を受ける．磁場の方向に対して垂直な速度で運動する電子は，このローレンツ力により，磁場に対して垂直な平面内で等速円運動を行う．

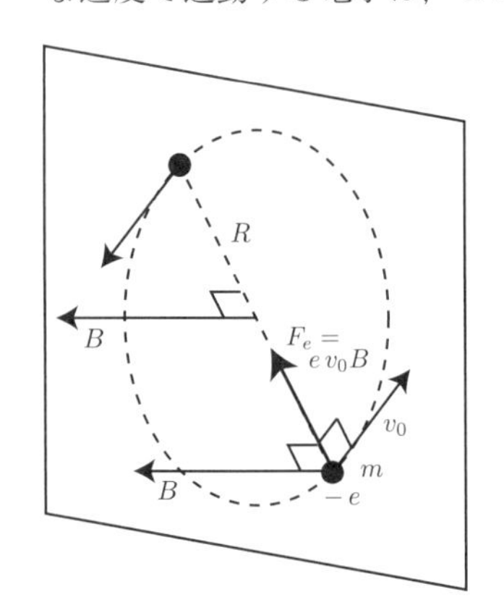

図 8.1　電子の運動

等速円運動する電子の速度の大きさ（速さ）を v_0，電子の質量を m，円軌道の半径を R とすると，円の半径方向の運動方程式は

$$m\,\frac{v_0^2}{R} = e\,v_0\,B \tag{8.1}$$

と表される．電子に速さ v_0 を与えるには電子銃を用い，電子銃に電圧 V（加速電圧）をかけて電子の速さが v_0 になる場合，

$$\frac{1}{2}\,m\,v_0^2 = e\,V \tag{8.2}$$

という関係が成立する．以上の 2 つの式より，電子の比電荷 e/m は

$$\frac{e}{m} = \frac{2\,V}{(B\,R)^2} \tag{8.3}$$

と表される．

大きさ B の一様な磁場を発生させるには，右図のヘルムホルツコイルを使用する．コイルに流れる電流の大きさ（磁場電流）が I，コイルの半径が a，コイルの巻き数が n の場合，コイルの中心付近に発生する磁場の大きさ B は

$$B = \left(\frac{4}{5}\right)^{3/2} \frac{\mu_0\,n\,I}{a} \tag{8.4}$$

と表される．

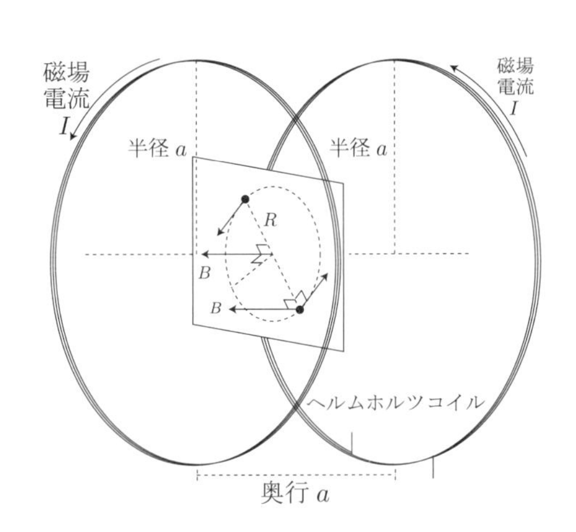

図 8.2　ヘルムホルツコイルの磁場

8.3 実験

【実験の概要】

この実験は，原理で説明した一様な磁場 (8.4) が存在する空間内で，電子が行う等速円運動の半径 R を測定することで，電子の比電荷を求める実験である．

【実験装置】

図 8.3 に実験装置の概略を示す．実験装置は e/m 測定実験器，コイル用直流電源，直流電圧計，直流電流計で構成されている．

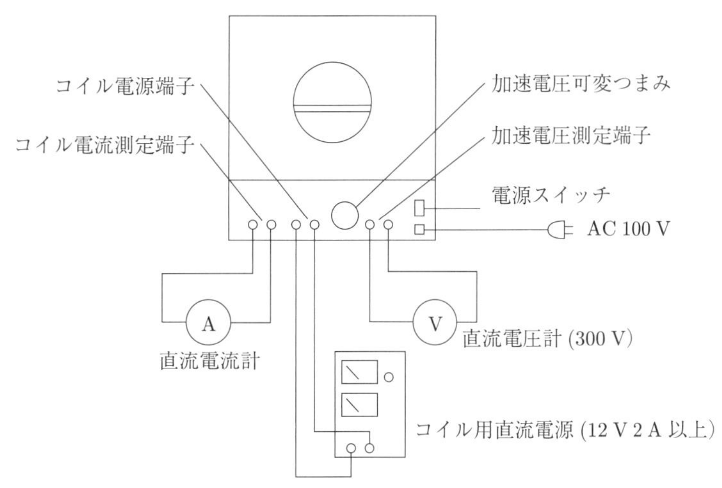

図 8.3　実験装置の概略

【実験準備】

(1)　測定データを記録するため，表 8.1 をノートに記録する．

表 8.1　測定データの記録

加速電圧 V [V]	磁場電流 I [A]	磁束密度 B [T]	軌道直径 $2R$ $\times 10^{-2}$ [m]	軌道半径 R $\times 10^{-2}$ [m]	比電荷 e/m $\times 10^{11}$ [C/kg]	$(X_0 - M_i)^2$ $\times 10^{22}$ [C^2/kg^2]
150						
180						
200						
230						
					最確値 $X_0 =$	和 $S =$

(2)　図 8.3 に示すように e/m 測定実験器，コイル用直流電源，直流電圧計，直流電流計が正しく配線されているか確認する．

(3)　コイル用直流電源の電流調整つまみが最小になっていることを確認する．次に e/m 測定実験器の加速電圧の可変つまみが最小になっていることを確認し，e/m 測定実験器の電源スイッチを入れる（**待機時間は 2 分以上**）．

【電子軌道の調整】

(1)　e/m 測定実験器の電源スイッチを入れ 2 分以上経過したのを確認する．e/m 測定実験器の加速電圧の可変つまみを調整し，所定の加速電圧 V を 150 V に設定する．次に，コイル用電源の電源スイッチを入れ，磁場電流 I

をヘルムホルツコイルに流す.

(2) 図8.4に示すように指標を見通し，目盛板の原点が電子銃から電子が発射されている位置に調整する.

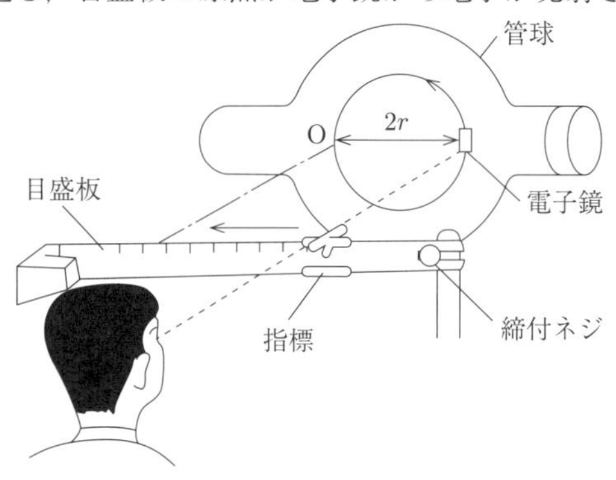

図8.4　電子軌道の調整および測定

(3) 加速電圧 V を 150 V 一定にし，磁場電流 I を増加させると，円軌道の半径が小さくなることを確認する．次に，磁場電流 I を 1.25 A 一定にし，加速電圧 V を 150 V から 230 V まで増加させると，円軌道の半径が大きくなることを確認する.

【電子軌道の測定】

(1) 加速電圧 V を 150 V に設定する.

(2) 磁場電流 I を軌道の直径 $2R$ がおよそ 10 cm になるように調整する．軌道の直径 $2R$ は，図8.4に示す指標を通して軌道上の D 点を覗き込んだときの目盛板の値となる.

(3) 測定データ記録表に加速電圧 V，磁場電流 I，軌道の直径 $2R$ を記録する.

(4) 軌道の半径 R を計算する．次に，(8.4) 式を用いて，測定した磁場電流 I から磁束密度 B を計算する．ここで，$a = 0.14$ m，$n = 130$ 回，$\mu_0 = 4\pi \times 10^{-7}$ T·m/A とすると，磁場 B は，

$$B \approx 8.35 \times 10^{-4}\, I$$

と近似できる.

(5) 加速電圧 $V = 150$ V 一定で同様の測定を3回行うが，いずれも磁場電流 I の大きさが異なるように調整する.

(6) 加速電圧 V を 180 V, 200 V, 230 V とし，(1) から (5) の手順を繰り返し，実験データを取得する.

8.4　実験結果の整理と課題

【実験結果の整理】

【電子軌道の測定】で測定し計算した値を原理の式 (8.3) に代入し，e/m を求める．求めた e/m の最確値（平均値）$X_0(\times 10^{11})$ を計算し，さらに最確値に対するデータの標準偏差 $\sigma(\times 10^{11})$ を求め，

$$\frac{e}{m} = (X_0 \pm \sigma) \times 10^{11} \quad \mathrm{C/kg}$$

という形式で結論にする．σ については0でない最初の数を残し，それ以下を四捨五入すること．X_0 については，σ の0でない数の位まで残し，それ以下を四捨五入すること.

【レポート課題】

レポートの考察には以下の点を考慮して自分なりの考えを書くこと.

(1) 実験結果である e/m の最確値 X_0 と文献値 $e/m = 1.76 \times 10^{11}$ C/kg との差 ΔX_0（残差という）を計算し，標準偏差 σ と比較することで，実験結果の正確さを考えよ．$5\sigma \leq \Delta X_0$ ならば，測定量の何かを一定の割合でずれて見積もっている可能性（定誤差という）がある．その量を推定し，値を少し変えて再度 e/m を計算し，文献値に近づくことを確認せよ.

(2) 電子のサイズは非常に小さく（原子よりはるかに小さい），通常では肉眼で観測できない．それにもかかわらず，この実験装置では電子の円軌道を観測し，その半径を測定している．その仕組みを考察せよ．

8.5 補足：原理式の導出

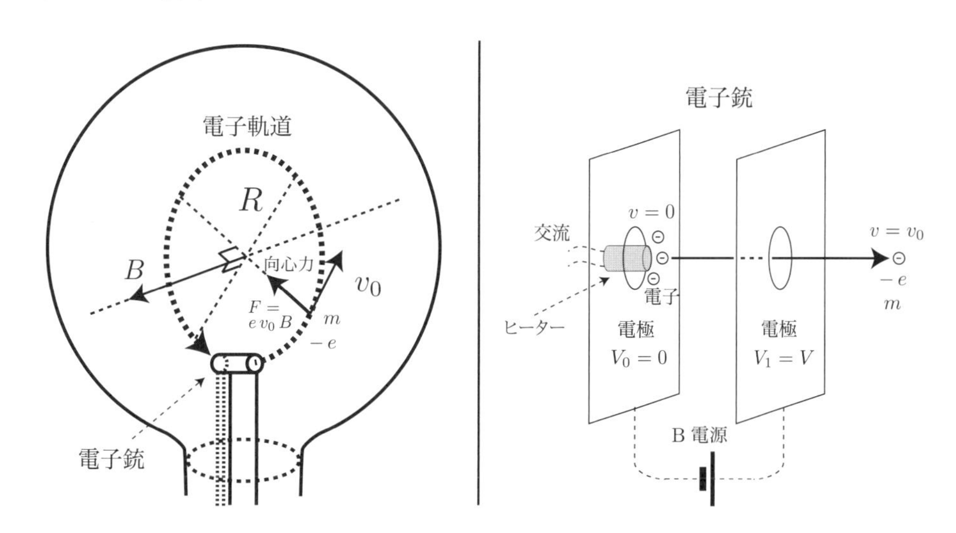

図 8.5　真空管（左図）と電子銃（右図）

真空管内の電子銃により電子は真空管内に速さ v_0 で射出される．電子銃内では交流が接続されたヒーターのまわりに電子がわき出している（速さはほとんど 0）．B 電源に接続された電極に加速電圧 V をかけると，電極間には電位差 V の一様な電場が発生する．その電場によって電子は上図のように加速される．その電場の大きさを E とし，電極間の距離を d とすると，

$$V = E\,d, \quad \text{すなわち}, \quad E = V\,/\,d$$

である．電子の電荷を q とすると，その電子に作用する電気力の大きさ F は $F = q\,E$ であり，その力による位置エネルギー（静電エネルギー）の差 ΔU は，

$$\Delta U = -\int_0^d F\,\mathrm{d}x = -\int_0^d (q\,E)\mathrm{d}x = -\int_0^d \left(q\,\frac{V}{d}\right)\mathrm{d}x = -q\,V$$

と表される．負極に接続された電位を V_0，正極に接続された電位を V_1 とすると，$V = V_1 - V_0$ であり，負極付近での電子の速さを v_-，正極付近での電子の速さを v_+ とすると，静電エネルギーの差 ΔU と運動エネルギーの差 $\Delta K = \frac{1}{2}mv_+^2 - \frac{1}{2}mv_-^2$（$m$ は電子の質量）は，エネルギー保存則から等しい．

$$-\,q\,(V_1 - V_0) = \Delta U = \Delta K = \frac{1}{2}mv_+^2 - \frac{1}{2}mv_-^2, \quad \text{すなわち}, \quad \frac{1}{2}mv_+^2 + q\,V_1 = \frac{1}{2}mv_-^2 + q\,V_0$$

このエネルギー保存則を表す関係式に，$v_+ = v_0$，$v_- = 0$，$V_1 = V$，$V_0 = 0$，$q = -\,e$ の測定条件を代入すると，

$$\frac{1}{2}mv_0^2 - e\,V = \frac{1}{2}m0^2 - e\,0 = 0, \quad \text{すなわち}, \quad \frac{1}{2}mv_0^2 = e\,V \quad \text{（原理の (8.2) 式）}$$

が得られる．

電子銃により速さ v_0 を得た電子が磁束密度（の大きさ）B で表される磁場中に入ると，その電子にはローレンツ力 $\vec{F_e}$ が作用する．

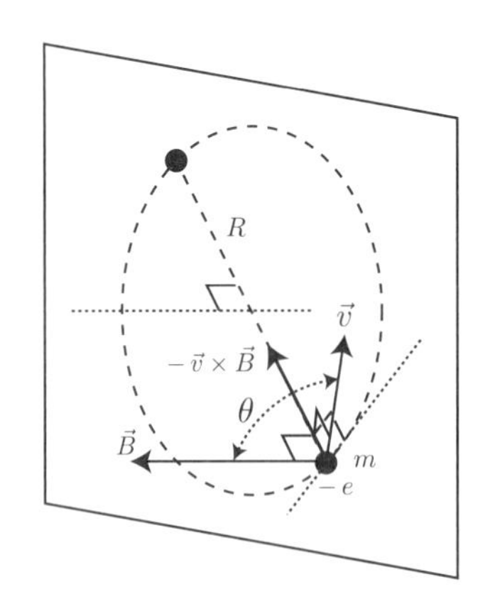

図 8.6　電子の運動

一般に電荷 q の粒子が磁場 $\vec{B}$ 内を速度 $\vec{v}$ で移動する場合，その電荷に作用するローレンツ力 $\vec{F}_q$ は

$$\vec{F}_q = q\,\vec{v}\times\vec{B}$$

とベクトル積（外積）を用いて表される．電荷の質量が m の場合，その運動方程式は

$$m\,\frac{\mathrm{d}\,\vec{v}}{\mathrm{d}t} = q\,\vec{v}\times\vec{B}$$

である（左図参照）．電荷が $q=-e$ である電子が速度 $\vec{v}$ で磁場 $\vec{B}$ と直交する状態で運動する場合，速度の大きさを v_0，磁場の大きさを B と表すと，角度は $\theta=\dfrac{\pi}{2}$ であるから，ローレンツ力 $\vec{F}_e$ の大きさ F_e は，

$$F_e = |(-e)\,\vec{v}\times\vec{B}| = e\,|\vec{v}|\,|\vec{B}|\,\sin\frac{\pi}{2} = e\,v_0\,B$$

となり，その向きは図 8.5 の真空管内の電子の運動に示されているように，円運動の中心を向く向きとなる．この場合，電子に作用するローレンツ力 $\vec{F}_e$ は円運動をする電子の向心力であり，円運動の半径を R とすると，電子の向心加速度の大きさは v_0^2/R と表され，電子の運動方程式は

$$m\,\frac{v_0^2}{R} = e\,v_0\,B,\quad \text{(原理の (8.1) 式)}$$

となる．

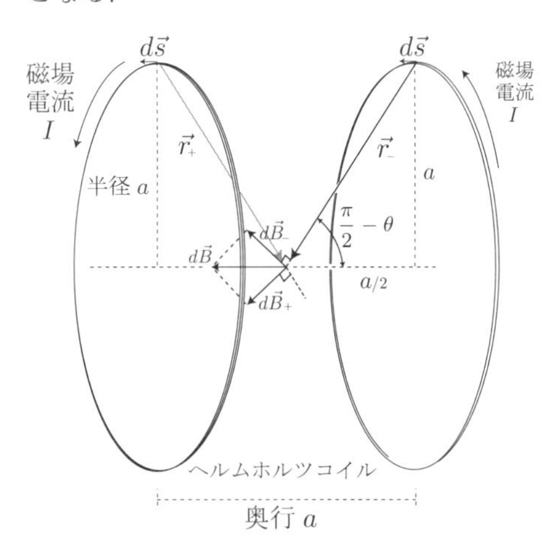

図 8.7　ヘルムホルツコイルの磁場

ヘルムホルツコイルは，2 個の同形のコイルを半径 a に等しい距離で互いに平行に保ち，中心軸が共通に配置してある．磁場電流 I の流れるコイル上の微小変位 $\mathrm{d}\vec{s}$ 部分が，その微小変位から位置ベクトル $\vec{r}$ で表される点に作る磁場 $\mathrm{d}\vec{B}$ は，**ビオ・サバールの法則**より，

$$\mathrm{d}\vec{B} = \frac{\mu_0}{4\pi}\,\frac{I\,\mathrm{d}\vec{s}\times\vec{r}}{|\vec{r}|^3}$$

と表される．ヘルムホルツコイルの場合，左図のように 2 つのコイルの対称性から，前後のコイル上の同じ位置にある微小変位 $\mathrm{d}\vec{s}$ がそれぞれ位置ベクトル $\vec{r}_+$，$\vec{r}_-$ で表される中心軸上の同じ位置に生成する磁場 $\mathrm{d}\vec{B}_+$ と $\mathrm{d}\vec{B}_-$ は大きさが同じで，中心軸に対して対称な向きとなる．したがって，その和 $\mathrm{d}\vec{B}=\mathrm{d}\vec{B}_+ + \mathrm{d}\vec{B}_-$ の向きは中心軸と同じ方向になり，$\mathrm{d}\vec{B}_+$ と中心軸のなす角を θ とすると，その大きさは

$$|\mathrm{d}\vec{B}| = 2\,\frac{\mu_0}{4\pi}\,\frac{I\,|\mathrm{d}\vec{s}|\,|\vec{r}_+|\sin\dfrac{\pi}{2}}{|\vec{r}_+|^3}\,\cos\theta$$

と表される．$|\vec{r}_+| = \sqrt{a^2+\left(\dfrac{a}{2}\right)^2} = \left(\dfrac{5}{4}\right)^{\frac{1}{2}} a$ であり，$\cos\theta = a/\left\{\left(\dfrac{5}{4}\right)^{\frac{1}{2}} a\right\} = \left(\dfrac{4}{5}\right)^{\frac{1}{2}}$ であるから，前後のコイルの微小部分が作る磁場の大きさ $\mathrm{d}\,B=|\mathrm{d}\vec{B}|$ は

$$\mathrm{d}\,B = \left(\frac{4}{5}\right)^{\frac{3}{2}}\frac{\mu_0\,I}{2\pi}\,\frac{|\mathrm{d}\vec{s}|}{a^2}$$

となる．コイルの巻き数が n であることを考慮して，全コイルについて微小磁場 $\mathrm{d}\,B$ を積分すれば，ヘルムホルツコイルにより中心軸上に発生する磁場の大きさ B が求まり，

$$B = \oint_{\text{半径}\ a}^{n\ \text{巻}} \mathrm{d}\,B = \left(\frac{4}{5}\right)^{\frac{3}{2}}\frac{\mu_0\,I}{2\pi}\,\frac{1}{a^2}\oint_a^n |\mathrm{d}\vec{s}| = \left(\frac{4}{5}\right)^{\frac{3}{2}}\frac{\mu_0\,I}{2\pi}\,\frac{1}{a^2}\,(2\pi\,a\,n) = \left(\frac{4}{5}\right)^{3/2}\frac{\mu_0\,I\,n}{a},\quad \text{(原理の (8.4) 式)}$$

となる．なお，中心軸上以外のコイル間の磁場の大きさも，**アンペールの法則**より，中心軸上の磁場の大きさ B と一致する．したがって，電子が描く円軌道付近の磁場の大きさは，原理式 (8.4) で表される．

実験 9

マイクロ波の実験

9.1 目的

電磁波の中でも，特に波長が 10 cm ～ 0.1 mm のものをマイクロ波と呼ぶ．本実験では，マイクロ波を用いて波の基本的な物理量である，波長，振動数を測定する．さらに波の持つ基本的な性質である，反射，振動のかたより，屈折について，実験を通して理解する．

9.2 原理

【波の性質】

波の性質の簡単な説明を行う．

(1) 振幅，波長，振動数（周波数）

一般に，波とはある物理量が振動しながら空間を伝播する現象をいう．例えばマイクロ波の場合，マイクロ波は電磁波の一種なので，電場と磁場が互いに垂直な方向に振動しながら，空間を伝わっていく．

もっとも単純な波の式である正弦波は以下のようにして表される．

$$y(x,t) = A\sin\left[2\pi\left(\frac{t}{T} - \frac{x}{\lambda}\right)\right] \tag{9.1}$$

ここで A を**振幅**，λ を**波長**，T を**周期**と呼ぶ．この式を図示すると，図 9.1 のようになる．すなわち，振動の中心から，波の高さ（または低さ）までの大きさが振幅 A で，波が 1 回振動する間の空間的，時間的間隔がそれぞれ波長 λ，周期 T である．波長，周期は単位としてそれぞれ m，s を使う．振幅の単位は，伝播する物理量による．また，周期の逆数を **振動数（周波数）** といい，単位には Hz を使う．

波長と周期とは，言い換えると，波のある部分（例えば山）が 1 回振動する間に進む距離，かかる時間である．したがって波の速さ v は波長を周期で割ることで求めることができる：

$$v = \frac{\lambda}{T} = \lambda f\ . \tag{9.2}$$

ただし $f = 1/T$ は振動数である．この関係を**分散関係**と呼ぶ．

(2) 定在波

原理的には進行する波の山の間隔から波長を求めることができるのだが，マイクロ波は光速で進むので，実際にこの方法でマイクロ波の波長を測ることは困難である．そこで進行している波と反射させた波を重ね合わせさせて，大

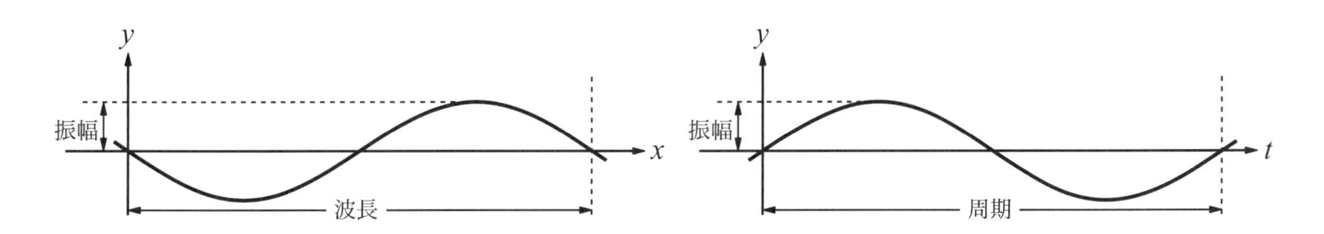

図 9.1　正弦波での振幅，波長，周期．

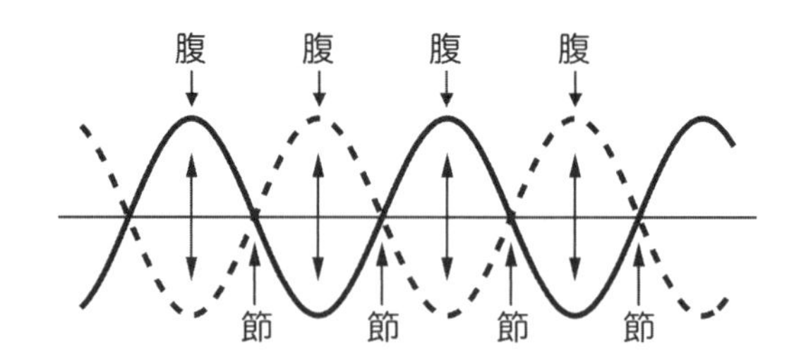

図 9.2 定在波の振動の様子

きく振動する部分（**腹**）と振動の小さい（理論的には振幅 0 の）部分（**節**）が空間的に固定したような波を作ると都合が良い．このような合成した波を**定在波**という．定在波の振動の様子を模式的に示したのが図 9.2 である．このように腹と節は交互に存在している．

簡単な例として，(9.1) 式であらわされる波が，$x = L$ で（減衰せずに）反射して定在波を作った場合を考えよう．そのとき，波の式は

$$y_{\mathrm{st}} = 2A\sin\left[2\pi\left(\frac{t}{T} - \frac{L}{\lambda}\right) + \frac{\delta}{2}\right]\cos\left(2\pi\frac{x-L}{\lambda} + \frac{\delta}{2}\right) \tag{9.3}$$

となる．ここで δ は，固定端反射のときは π，自由端反射の時は 0 である．この式から，位置によって振動の様子が変わってくることがわかる．つまり

$$\cos\left(2\pi\frac{x-L}{\lambda} + \frac{\delta}{2}\right) = \pm 1 \iff x = \frac{m}{2}\lambda + L - \frac{\delta}{4\pi}\lambda \quad (m = 0, \pm 1, \pm 2, \cdots) \tag{9.4}$$

の位置では，合成波の振幅が一番大きい，すなわち腹である．また

$$\cos\left(2\pi\frac{x-L}{\lambda} + \frac{\delta}{2}\right) = 0 \iff x = \frac{2m+1}{4}\lambda + L - \frac{\delta}{4\pi}\lambda \quad (m = 0, \pm 1, \pm 2, \cdots) \tag{9.5}$$

では，時間によらず振幅は常に 0，すなわち節である．ここで腹と腹，及び節と節の間隔が $\lambda/2$（半波長）であることに注意されたい．つまり，腹の間隔，もしくは節の間隔から波長を計測することが可能となる．

9.3 実験

【実験器具】

本実験で使用する実験器具の簡単な説明を行う．

(1) 送信器

空洞共振器内部に取り付けられたガンダイオードから発振した電磁波を送信するために，ホーンアンテナ（電磁ラッパ）に導く．ホーンアンテナは矩形導波管の末端で断面の形を徐々に広げていき，十分大きくなったところで切り取ったものである．こうすることで，発生した電磁波（ここではマイクロ波）は平面波の様に振る舞う．本実験装置では，電源コードを 100V コンセントにつなげば，ガンダイオードに所定の電圧が印加され，発振を起こす．

(2) 受信器

平面波をホーンアンテナで受け，導波管固有のモードに変換した後，クリスタルダイオードで検波整流を行い，その出力をメーターに指示する．クリスタルダイオードは導波管内の電場に応答した電流が流れるのであるが，整流電流が小さいときには電場の 2 乗に比例している．これを 2 乗検波と呼ぶ．つまり，メーターに指示された電流は導波管内の電力に比例していると考えられる．

メーター電流は **増幅レンジ切り替えスイッチ** （パネル上では “INTENSITY” と表示されている） ならびに **感度調整つまみ** （パネル上では “VARIABLE SENSITIVITY” と表示されている）によって加減できる．

9.3.1 実験 A: 定在波による波長の測定

【実験概要】

ホーンアンテナは，入射したマイクロ波を完全に捕集することができず，入射したマイクロ波の一部を反射する．

そのため，送信器から放射されたマイクロ波の一部は，送信機と受信器のアンテナの間を往復する．その結果，送受信器の間に定在波が発生する．もし，送信器と受信器のダイオードの間隔が $\frac{(2m-1)\lambda}{4}$ （m は自然数，λ はマイクロ波の波長）であれば，送受信器の間を 1 往復する間にその位相が半波長分ずれるため，受信器のダイオードの位置が節となるような定在波が発生する[1]．ここでは，その定在波の節の間隔を測定し，送信器から放射された波の波長 λ を求める．さらに，分散関係から振動数 f を求める．

【使用器具】 送信器，受信器，測角器

【実験準備】

(1) 測角器の読みが 180° となるように可動側アームを設定し，送信器を固定側のアームに，受信器を可動側のアームに取り付ける．
送信器の “T” マークを 10.0 cm 付近に，受信器の “R” マークが 90.0 cm 近傍となるように取り付けておく．

(2) 送信機の AC アダプタのプラグをコンセントに差し込み，受信器の増幅切替スイッチ (INTENSITY) を OFF から “10” にセットする．

(3) 受信器の位置をゆっくり送信器から離し，受信器のメータの値が極大になる位置を見つける．
この場所で，受信器の感度調整つまみ (VARIABLE SENSITIVITY) でメータの値を “1.0” （フルスケール）付近にする．

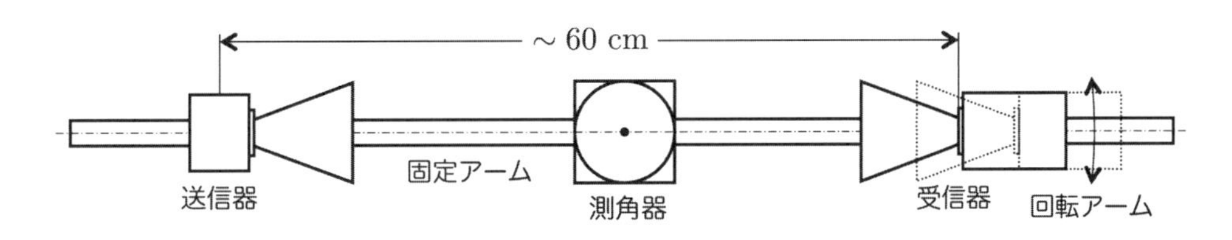

図 9.3 定在波による波長測定のための実験配置

【波長測定】

(1) 受信器の位置をゆっくり送信器から離して行き，最初に受信器メータの目盛が極小となる位置（節の位置）を見つけ，そこの位置を 0 回目の位置 x_0 として記録する．

(2) さらに，ゆっくりと受信器の位置を送信器から離す向きに移動させ，受信器メータの目盛が極大を経て，再び極小となる位置を 7 回目まで見つけ，それらの位置を順次記録する．測定した結果を実験ノートに表 9.1 のようにまとめる．

(3) 節と節の間隔は $\lambda/2$（半波長）なので，0 回目の節と 4 回目の節の距離 $x_4 - x_0$ は $\lambda/2 \times 4 = 2\lambda$ となる．同様にして 1 回目と 5 回目，2 回目と 6 回目，3 回目と 7 回目の間隔も 2λ である．したがってこれらから 2λ の平均値が求められる．さらにそれを 2 で割れば λ の平均値となり，これが波長の測定値となる．さらに (9.2) 式の分散関係を使うことで，マイクロ波の振動数 f をもとめることができる．マイクロ波の速さは光速で，ここでは $v = 3.00 \times 10^8$ m/s を使う．

表 9.1 定在波の節の位置

回数 i	節の位置 x_i/cm	回数 i	節の位置 x_i/cm	間隔 $(x_{i+4} - x_i)$/cm
0		4		
1		5		
2		6		
3		7		

[1] ただし送信器からの距離が離れるにつれて電波強度が減衰するので，(9.3) 式のように腹の振幅が全て同じにはならない．

9.3.2　実験 B: 反射の実験

【実験概要】

波は媒質の異なる境界面で，反射，屈折を起こす．ここではマイクロ波を金属製の反射板に入射させ，反射の様子を観測する．

【使用器具】　送信器，受信器，測角器，回転スタンド，金属反射板

【実験手順】

(1)　送信器を 10.0 cm 付近（固定アーム）に取り付け，測角器が 90° もしくは 270° となる向きに可動側アームを設定し，受信器を取り付ける（図 9.4）．受信器の位置は，100.0 cm 近傍にするとよい．

(2)　測角器の中心に回転スタンドを取り付け，回転スタンドに設けられた三角形の窓を測角器の 45° に合わせて，スタンドに金属反射板を取り付ける．

(3)　送信機の AC アダプタのプラグをコンセントに差し込み，受信器の増幅切替スイッチ (INTENSITY) を OFF から “10” にセットする．この場合，メーターの針が最大 (1.0) まで振れたときに 10.0 mA である．

(4)　受信器の感度調整つまみ (VARIABLE SENSITIVITY) でメータの値を “0.8” 程度にする．回転スタンドの角度を変えてみて，メータの針がフルスケールを超えないことを確認する．

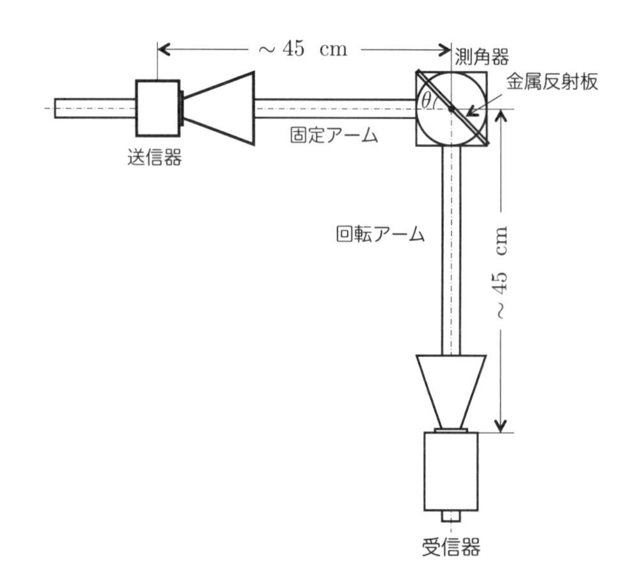

図 9.4　金属板による反射波を測定するための実験配置

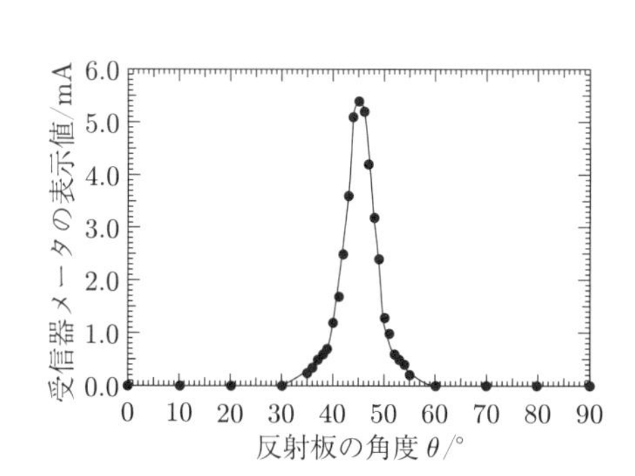

図 9.5　反射板の角度と受信器メータの表示値との関係

【反射波の測定】

(1)　反射板を回転させ，各角度における受信器のメーターの値を実験ノートに記録する．

(2)　(1) の結果をもとに，図 9.5 の様なグラフを作成する．

9.3.3　実験 C: 電場のかたより

【実験概要】

波の振動の方向は，波の伝わる方向に対して 2 種類に分かれる．進行方向に対して平行，反平行に振動する波を**縦波**，進行方向に対して垂直に振動する波を**横波**という．マイクロ波を含む電磁波は横波である．つまり電場ベクトル，磁場ベクトル各々が，進行方向に対して垂直な方向に振動しながら伝わっていく．

本実験で使用する送信器は，電場ベクトルを鉛直，斜め 45°，水平，のいずれかの方向で振動させ発生している．どの方向に振動しているか（これを**電場のかたより**という）を特定するのに使用するのが偏光板である．この実験で使用する偏光板は，多数のスリット（幅の狭い長方形状の開口）を平行にあけた金属板である。偏光板の方向と電場ベクトルの振動の方向が一致すると，金属部の内部にちょうど逆向きの電場が発生して打ち消しあい，マイクロ波（電

場の振動）が伝わらなくなる．この性質を利用して，どの方向に電場が振動しているのかを予想する．

【使用器具】 送信器，受信器，測角器，回転スタンド，偏光板（スリットのあいた金属板）

【実験手順】

(1) 送信器を 10.0 cm 付近（固定アーム）に取り付け，測角器が 180° となる向きに可動側アームを設定し，受信器を取り付ける．受信器の位置は，90.0 cm 近傍にするとよい．

(2) 測角器の中心に回転スタンドを取り付け，回転スタンドに設けられた三角形の窓を測角器の 90° に合わせる．

(3) 送信機の AC アダプタのプラグをコンセントに差し込み，受信器の増幅切替スイッチ (INTENSITY) を OFF から “10” にセットする．

(4) 受信器の感度調整つまみ (VARIABLE SENSITIVITY) でメータの値を “0.8” 程度にする．

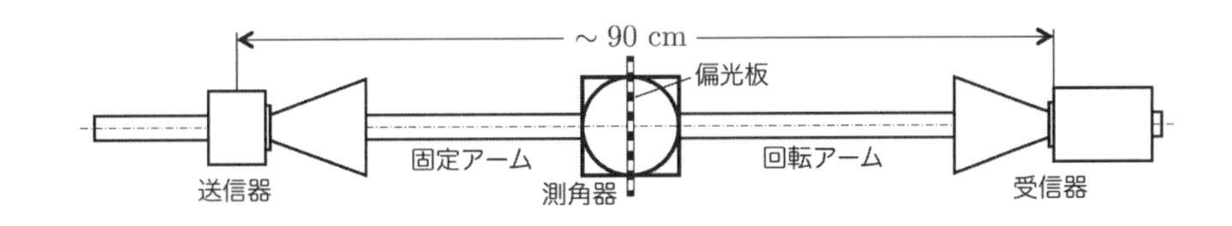

図 9.6 電場のかたよりを調べるための実験配置

【電場のかたよりの測定】

(1) 偏光板のスリットが水平になるよう，取り付け，受信器目盛の値を実験ノートに記録する．

(2) 次に，偏光板のスリットが鉛直になるよう，取り付け，受信器目盛の値を実験ノートに記録する．

(3) 偏光板のスリットが斜め 45° になるよう，取り付け，受信器目盛の値を実験ノートに記録する．

9.3.4 実験 D: マイクロ波のパラフィンによる屈折

【実験概要】

波の速度が媒質によって変化することが原因となり，媒質の異なる境界面で屈折が起こる．マイクロ波の場合，真空中の速さ c と誘電体（ガラス，パラフィン，水など）中での速さ v との関係は，誘電体の屈折率 n，マイクロ波の入射角 i，屈折角 r（図 9.7 参照）を使って

$$\frac{c}{v} = \frac{\sin i}{\sin r} = n \tag{9.6}$$

と表される．

ところで誘電体の屈折率は，誘電体の比誘電率 ε を使って

$$n = \sqrt{\varepsilon} \tag{9.7}$$

と表される．したがって，入射角，屈折角を計測することによって，誘電体の比誘電率を求めることが可能となる．ここでは誘電体としてパラフィンを使用する．

【使用器具】 送信器，受信器，測角器，パラフィンプリズム，配置の目安を書いた紙，分度器

【実験準備】

(1) 測角器の下に，送受信器ならびにパラフィンブロックの配置目安を書いた紙を敷く．この際，測角器の固定アームの目盛が書かれている側を配置目安の送信側の中心線におおよそ一致させること，ならびに，測角器の中心がほぼ直角二等辺三角形の頂角の二等分線上に配置するように注意すること．

(2) 測角器の可動側のアームを回転させて，受信側の中心線の目安に合わせる．

(3) 送信器，受信器についているホーンアンテナの先端がパラフィンブロックの先端からおよそ 10 cm となるように，送信器と受信器を取り付ける．ここまでの結果，図 9.8 の様な位置関係になっていることを確認する．

(4) 送信器の AC アダプタのプラグをコンセントに差し込み，受信器の増幅切替スイッチ (INTENSITY) を OFF から “30” にセットする．

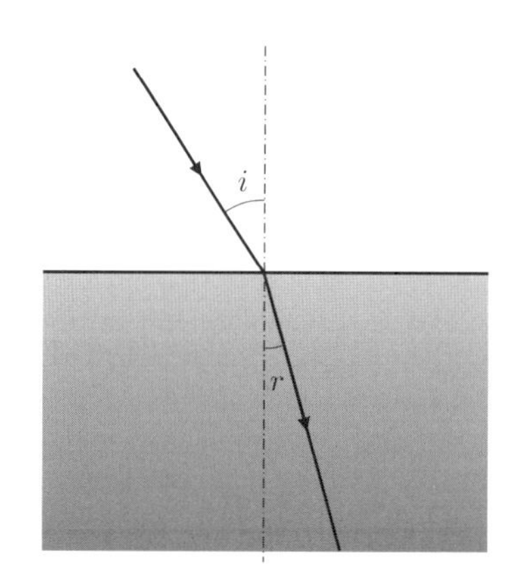

図 9.7　異なる媒質の境界面における波の解析

(5)　受信器の感度調整つまみ (VARIABLE SENSITIVITY) でメータの値を “0.8” 程度にする．

【角度測定】

(1)　受信器の後ろを振って θ を変化させ，受信器のメーターが最大になる位置で固定し，θ を計測する．

(2)　受信器を (1) のままにして，送信器の後ろを振って α を変化させ，受信器のメーターが最大になる位置で固定し，α を計測する．

【比誘電率の計算】

(1)　α，θ はほぼ等しくなっているはずである．これらを平均し $\phi = (\alpha + \theta)/2$ とする．

(2)　図 9.9 を参照して，i，r を計算し，(9.6)，(9.7) 式を用いて，パラフィンの比誘電率 ε を求める．

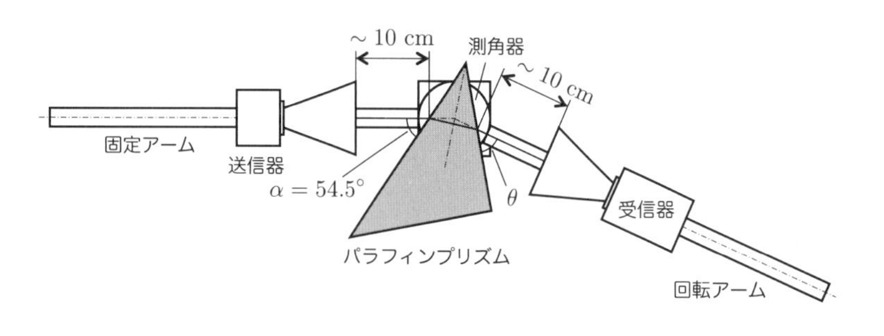

図 9.8　パラフィンの屈折率を測定するための実験配置

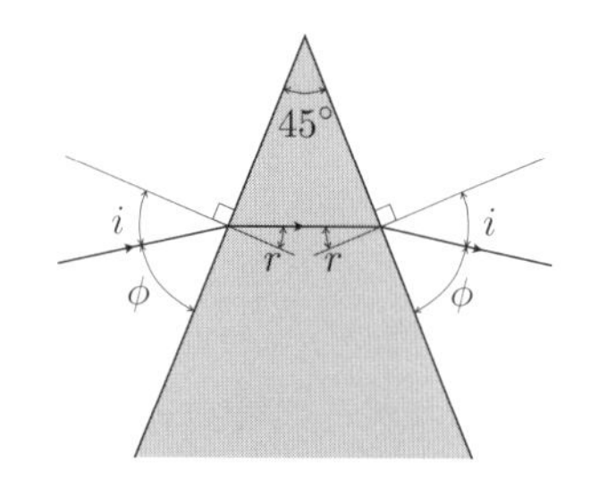

図 9.9　プリズムによるマイクロ波の屈折

9.4　実験結果の整理と課題

【実験結果の整理】

【レポート課題】

(1)　波長 5000 Å の光や 1 Å の X 線の振動数はそれぞれいくらか（光も X 線も電磁波の一種である）．ただし 1 Å $= 10^{-10}$ m である．

(2)　図 9.5 で描いた曲線からどんなことがわかるか．

(3)　実験 C の結果から，電場はどちらの方向に振動しているか．鉛直，水平，斜め 45° のいずれかで答えよ．

実験 10

導体の抵抗の温度係数の測定

10.1 目的

電気抵抗の小さな導体は，街中の電線や電気製品の配線などに用いられており，日常的に最もよく使用されている電気材料の 1 つである．この実験では導体の電気抵抗の温度による変化を測定し，導体の電気伝導についての理解を深めることを目的とする．

10.2 原理

【導体】

物質を電気的な特徴で分類すると，電気を良く流す導体，電気をほとんど流さない絶縁体，これらの中間の半導体に分けられる．主な導体は金属あるいは合金で，抵抗率は $10^{-6} \sim 10^{-4}\Omega \cdot \mathrm{cm}$ 程度と極めて小さい．

【導体の電気伝導】

導体内部には自由に動ける電子（自由電子）が多数存在している．図 10.1 に示すように導体に電場を印加すると，マイナスの電荷をもつ自由電子は電場と反対方向のプラス電極に移動する．したがって，電流は電荷の移動によって生じるので，この導体には電流が流れる．自由電子は移動中に電場によって加速される．加速された電子は，金属原子の原子核に衝突して跳ね返されたり，進路を曲げられたりして減速するが，また再び電場によって加速する．このように，自由電子は加速と減速を繰り返しながら移動する．電子が原子核と衝突する時間よりもじゅうぶん長い時間間隔で電子の平均の速さを求めれば，その値は経過時間に関係なく電場に比例する．この現象は図 10.2 に示すような釘を打ち付けた斜面の上を球体が転がるモデルで表すことができる．球体が自由電子，釘が原子核，斜面の角度が電場に対応している．球体は斜面を転がり加速するが，やがて釘に衝突し減速する．その後，再び加速される．この現象が繰り返され，球体は斜面を転がっていく．

導体の温度が上昇すると，原子核と自由電子の熱運動が激しくなる．このため，自由電子と原子核の衝突回数が増加する．したがって，温度の上昇にともない，自由電子の平均の速さは遅くなり，電気は流れにくくなる．これは，導体の温度が上昇すると電気抵抗も増加することを意味している．温度変化があまり大きくないところでは，導体の

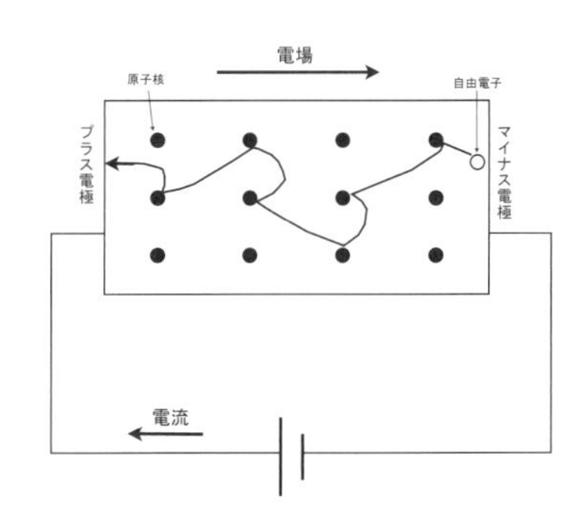

図 10.1　導体中の自由電子の流れ

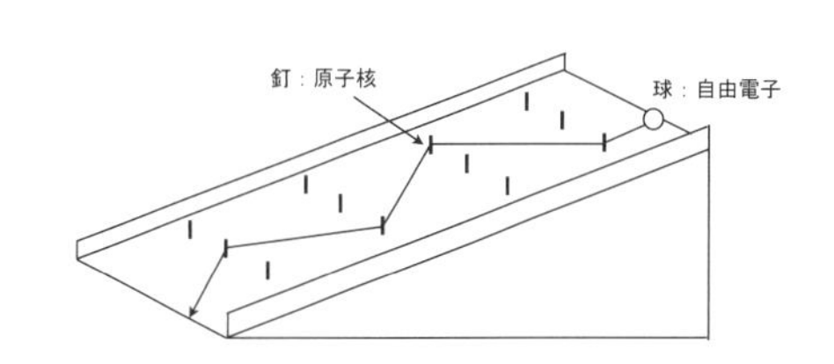

図 10.2　電流の流れのモデル

温度 t [°C] と抵抗 R [Ω] 関係は実験的に，

$$R = R_0(1 + \alpha t) \tag{10.1}$$

と表せる．ここで R_0 は 0°C のときの導体の抵抗である．また，α は温度が 1°C 変化したときの抵抗の変化の割合で抵抗の温度係数と呼ばれ，その単位は 1/°C である．上述のように導体では温度上昇にともない抵抗も増加することから，抵抗の温度係数は正の値をとることがわかる．

10.3 実験

【実験の概要】

測定装置は試料試験管，温度調節計，デジタルマルチメーター，ヒーター，ビーカー・試験管から成り立っている．試料試験管を氷の入ったビーカーに入れることにより，低温での抵抗の温度変化を調べる．次に試料試験管をヒーター内に設置し，100°C 程度まで温度を上昇させながら抵抗の温度変化を調べる．抵抗はデジタルマルチメーターで測定する．

【実験準備】

(1) 温度調整計の温度設定目盛りをゼロになっていることを確認する．スイッチを入れ試料先端の温度が LED にて表示されることを確認する．

(2) デジタルマルチメーターの電源を入れ，測定モードを抵抗（Ω レンジ）にする．

(3) ビーカーに氷を入れる．

【抵抗の温度依存性の測定】

(1) 氷を入れたビーカーに試験管を挿入する．その中に試料管を入れる．このとき，試料管を直接氷に入れないように注意する．

(2) 試料先端温度が下がることを確認する．温度が下がりきったところ（∼ 3°C 程度）で，抵抗の値をデジタルマルチメーターで読み取る．

(3) 試料をヒーター内にセットする．試料温度が室温程度（∼ 20°C 程度）になったところで，試料先端温度と抵抗を測定する．

(4) 温度調整計の温度目盛りを 30°C にセットする．温度が安定したところで，試料先端温度と抵抗を測定する．このとき，試料先端温度は温度設定目盛りではなく，LED 表示されている値である．

(5) 上記の測定を設定温度 100°C まで 10°C 間隔で行う．

注意 本実験ではガラス器具を使用する．ガラス器具は衝撃に弱いので，取り扱いには十分に注意すること．また，濡れた手で測定器に触れると感電や測定器を壊す恐れがあるので注意すること．

10.4 実験結果の整理と課題

【実験結果の整理】

【R-t グラフの作成】

(1) 表 10.1 に示すように試料先端の温度と導体の抵抗の関係を表にまとめる．

(2) これをもとに，図 10.3 に示すように横軸を温度 t，縦軸を抵抗 R としてグラフにまとめ，測定点がほぼ右上がりの直線上に位置することを確認する．

【レポート課題】

(1) 【R-t グラフの作成】で作成したグラフより，温度 t と抵抗 R は，

$$R = a + bt \tag{10.2}$$

となることがわかる．ただし，a, b は正の定数である．表 10.2 に示すように実験データを表にまとめ，実験誤差が最小になるよう最小 2 乗法を用いて a, b の値を求めなさい（最小 2 乗法については p.14 参照）．

$$a = \frac{\displaystyle\sum_{i=1}^{n} t_i^2 \sum_{i=1}^{n} R_i - \sum_{i=1}^{n} t_i R_i \sum_{i=1}^{n} t_i}{\displaystyle n\sum_{i=1}^{n} t_i^2 - \left(\sum_{i=1}^{n} t_i\right)^2} \tag{10.3}$$

$$b = \frac{\displaystyle n\sum_{i=1}^{n} t_i R_i - \sum_{i=1}^{n} t_i \sum_{i=1}^{n} R_i}{\displaystyle n\sum_{i=1}^{n} t_i^2 - \left(\sum_{i=1}^{n} t_i\right)^2} \tag{10.4}$$

となる．

(2)　最小2乗法で求めた a, b の値を用いて導体の温度係数 α を求めなさい．

表 10.1　温度による導体の抵抗の変化

	試料先端の温度［℃］	導体の抵抗［Ω］
氷の入ったビーカー中		
室　温		
温度目盛　30℃		
温度目盛　40℃		
温度目盛　50℃		
温度目盛　60℃		
温度目盛　70℃		
温度目盛　80℃		
温度目盛　90℃		
温度目盛　100℃		

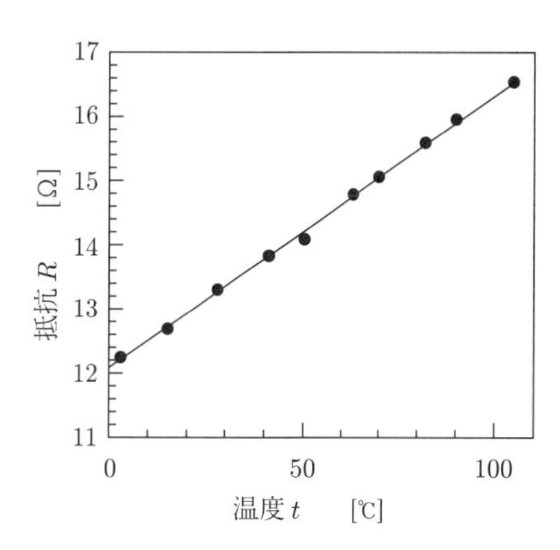

図 10.3　温度と抵抗の関係（グラフの書き方）

表 10.2　最小2乗法によるデータ整理（データ整理の仕方）

測定点 i	t	R	$(t \times R)$	t^2
1				
2				
3				
4				
5				
6				
7				
8				
9				
10				
測定回数 n	tの合計	Rの合計	$(t \times R)$の合計	t^2の合計
10				

実験 11

ニーベンの方法による熱伝導率の測定

11.1 目的

本実験の目的は，中心軸に熱源が配置された円柱型モデルに基づいて半径方向の熱伝導率分布を導き，あるコンクリートで形成された円筒型試料とニーベンの測定装置を用いて試料の熱伝導率を測定することにより，試料の材質を同定し，熱伝導率が物質固有の値であることを理解することである．

11.2 原理

原子同士が共有結合により互いに強く結びついて塊となっているダイヤモンド，結晶シリコン，有機固体材料などでは，隣接する原子がばね定数の大きなばねで 3 次元的につながれ，極めて高い周波帯において非常に小さな変位をもって振動運動しており，例えるなら，分子や結晶が耳で感じることはできない雑音を発しているようなものであろう．固体内に温度差が生じているとき，温度が低い部分よりも温度が高い部分において，格子振動（フォノン）と呼ばれるこの微小振動とその振動エネルギーがより大きいことがわかっており，絶縁性の固体中において熱が伝導するということは，温度の高い原子集団から温度の低いその周囲へと格子振動の激しさが伝達されることを意味する．結晶においては不純物や欠陥が少ないほど熱伝導率が大きくなる．また，気体や液体では，格子振動に代わって分子の運動が熱エネルギーの主役であるため，温度の高い部分からその周囲への熱エネルギーの伝達は分子や分子集団の移動あるいは隣接分子間の衝突によって行われる．銅やアルミニウムのような導電性のある金属結晶においては，格子振動に加えて，個々の原子に束縛されずに結晶全体に広がる自由電子の運動が気体の分子運動と同様に熱伝導の担い手となる．固体内における熱伝導をあたかも，熱エネルギーという流体が固体内を透過して運動しているようにみなして，固体内のある点において**熱流束密度**と呼ばれる単位時間内に固体内の単位面積を通る熱エネルギー量を定義し，熱流束密度がその点における**温度勾配**（すなわち，流れの方向に微小な距離だけ離れた 2 点の単位長さあたりの温度差）に比例するときの比例定数を**熱伝導率**という．この比例関係をフーリエの法則という．熱伝導率は格子振動のばね定数や自由電子密度に依存するため物質固有の値となり，一般に，石英ガラスやコンクリートのような導電性の低い固体よりも銅や銀やアルミニウムのような電気伝導率の高い金属のほうが熱伝導率はずっと大きい．仮に，コンクリートと銅のそれぞれで同じ寸法形状の 2 つの鍋を作り，それらに同量の水を入れて，同じ火力のガスレンジで加熱したとしたら，コンクリート鍋に比べて銅鍋のほうが早く沸騰に至ることは容易に想像できるであろう．

【円柱型モデルと熱伝導率】

図 11.2 は円柱型コンクリート試料を用いたニーベンの実験装置の概略図である．ここで，円柱型試料の外周の半径に比べて十分小さな半径の円形穴が中心軸に沿って貫通し，この穴の中心に沿ってニクロム抵抗線が張ってある．電源からニクロム線に電圧を印加することにより，回路に電流が流れ，抵抗線はジュール熱の多くを赤外線の形で放出し赤外線を吸収するをコンクリートの内壁に伝達し，内壁付近の温度を上昇させる．ここで，ニクロム線に印加する電圧を V [V]（ボルト），ニクロム線に流れる電流を I [A]（アンペア）とすると，単位時間に発生するジュール熱（熱エネルギー）は，VI [W]（あるいは [J/s]）で与えられる（図 11.2)．

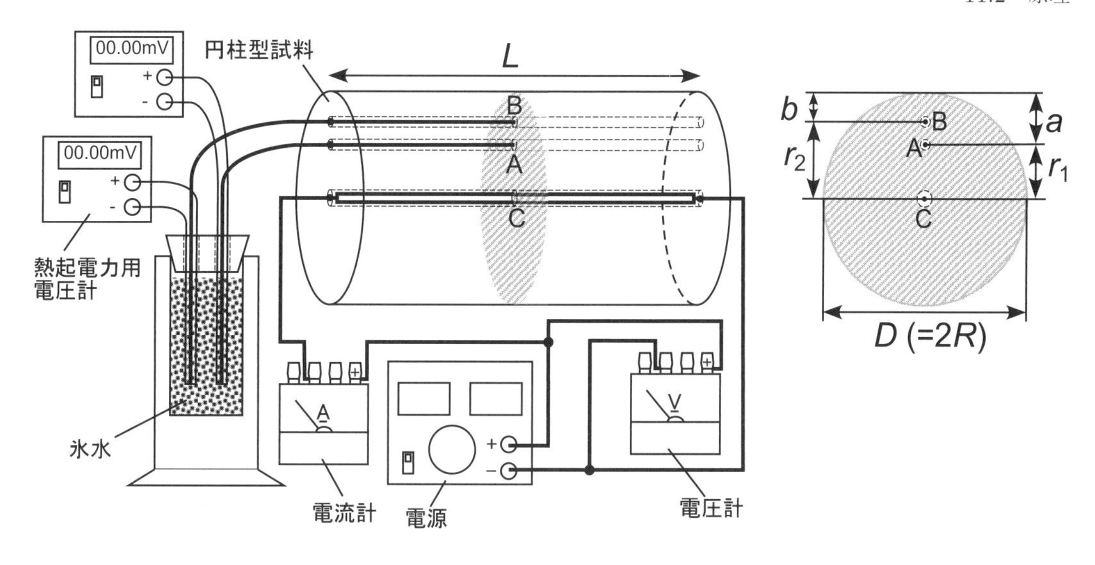

図 11.1 実験装置の概略図

このニクロム抵抗線は四方八方へ熱エネルギーを放射する点熱源が線状に連なった線熱源としてはたらくため，円柱型試料の軸方向の長さ L [m] がその断面半径 R [m] に比べて十分に大きい場合には，コンクリート内の温度の位置依存性は金太郎飴のように，円柱の両端部付近を除くすべての断面円においてほぼ同一とみなすことができる．したがって，半径方向 r の点における熱流束密度（単位時間内に単位面積あたりを流れるエネルギー）は，円柱中心軸で単位時間内に発生する熱エネルギー VI [J/s]，円柱断面の面積 $2\pi rL$ [m^2] を用いて，

$$J(r) = \frac{VI}{2\pi rL} \tag{11.1}$$

で与えられ，円柱のある断面円の中心を原点とする半径方向変位 r のみの関数として表すことができる．同様に，円柱型試料内の温度 T [K] の位置依存性も半径方向変位 r のみの関数として表すことができる $(T = T(r))$．

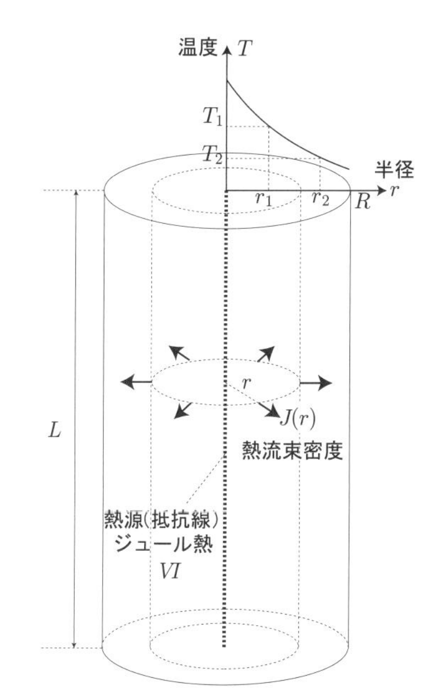

図 11.2 円柱型モデル

表 11.6 に示される種々のセメント，コンクリートの熱伝導率の値は 0.16 ∼ 1.5 W/(m · K) の範囲にあり，これに比べて気体である乾燥空気の室温における熱伝導率は 0.00234 W/(m · K) であり，セメントやコンクリートに比べ十分小さい．このため，コンクリートの内壁付近に与えられた熱エネルギーは中空穴の空気に漏れ出るよりもずっと多く，試料の外周へ向かって，すなわち半径方向にコンクリート内を流れる．今，熱伝導率の高いコンクリートの外側へ向かって生じ，円柱中心軸方向への流れを無視して，円柱の半径方向に向かって熱エネルギー流が生じるとみなす．さらに，一定の熱エネルギーの継続的な供給のもとで十分に長い時間が経過してコンクリート内に熱エネルギーが蓄えられ，r の増加に対して単調減少する試料断面円の温度分布が一定の定常状態に至るとする．

一般に，熱エネルギーは物体の温度の高いところから低いところへ移動する．したがって，熱流束密度 J は温度勾配（任意の 2 地点間における温度の変化量，すなわち傾き）を用いて，次のように表すことができる．

$$J = \frac{VI}{2\pi rL} = -\lambda \frac{\mathrm{d}T}{\mathrm{d}r} \tag{11.2}$$

ここで，λ は熱伝導率，$\dfrac{\mathrm{d}T}{\mathrm{d}r} < 0$ は半径 r の地点における温度勾配であり，今の場合，これは負である（詳細は補足を参照のこと）．式 (11.2) の右辺の負符号は J の流れの方向が正（r が増加する方向）となるように定めたからである．図 11.2 のように，$r = r_1$, $r = r_2$ における円柱内の温度をそれぞれ T_1, T_2 とすると，式 (11.2) を用いて，熱伝

導率は以下で与えられる（詳細は補足を参照のこと）.

$$\lambda = \frac{VI\ \log_e (r_2/r_1)}{2\pi L\,(T_1 - T_2)} \tag{11.3}$$

したがって，この関係式から熱伝導率 λ は，抵抗線を負荷とする回路の電圧 V と電流 I，円柱の長さ L，2 点の中心からの距離 r_1 と r_2，2 点の温度 T_1 と T_2 を計測することで，求められることを意味する．2 点の温度はコンクリートの両端付近よりも中央付近の試料内部において測定する必要があるため，市販の棒温度計を試料に深く挿入してその目盛りを読み取ることは困難であるため，しばしば，2 本の熱電対をコンクリートの一端から深く挿入してその熱起電力を外部の電圧計で測定することで見積もられる．実験において VI が一定値に制御されるとき，2 点での熱起電力測定値の精度が上式の T_1 と T_2 を通じて，λ の有効数字を決定するであろう．異種金属の 2 つの線の両端をつないだ回路が内部に収められたそれぞれの熱電対において精度を維持するためには，ゼーベック効果に基づいて，両端に熱起電力が発生するため，一端を測定点とするとき，もう一端を温度が常に一定に保たれた定点とする必要がある．定点を作る環境媒体としては，時間的に温度が変動する室温大気よりも，沸点が 273.15 K である氷水や沸点 77 K の液体窒素などが使用される．

11.3　実験

【実験の概要】

図 11.2 の右側と左側はそれぞれ，円柱型試料を用いたニーベンの熱伝導率測定装置と試料断面円の模式図である．ここで，円柱型試料は種類が既知でないコンクリート製あるいはセメント製であり，その直径と長さはそれぞれ D $(=2R)$ と L である．r_1 と r_2 はそれぞれ，A 点と B 点からそれぞれ挿入された 2 つの熱電対の中心軸からの距離である．これらはグレーで表示された断面円における 2 つの熱電対の温度測定点（温接点）の半径方向の位置に相当し，a と b を用いて

$$r_1 = \frac{D}{2} - a, \qquad r_2 = \frac{D}{2} - b$$

のように表される．2 つの熱電対の冷接点をともに，氷水を満たした 1 つの保温瓶内に固定すると，氷水の温度 0°C を定点とする 2 つの温接点の熱起電力が 2 つのデジタル電圧計によってそれぞれ測定される．コンクリート試料の中空を通して試料中心軸に沿って張られたニクロム抵抗線の両端と直流電源の正負の 2 極（あるいは正負のどちらかと接地極の 2 極）がそれぞれ導線で接続された回路においては，回路に並列接続された電圧計と直列接続された電流計により，それぞれ，抵抗負荷における電圧降下 V とそれを流れる電流値 I が計測され，これらの積 VI により負荷の消費電力すなわち抵抗線が単位時間あたりに発生させるジュール熱が表される．

【実験準備】

(1) 保温瓶を氷を満たし，少量の水道水を加えて，コルク製の蓋をし，蓋の 2 つの穴に 2 つの熱電対の冷接点を挿入する．

(2) 2 つの熱電対 A, B のそれぞれに対応するデジタル電圧計を確認した後，2 つのデジタル電圧計の電源をオンにし，室温に相当する熱起電力がそれぞれにおいて安定的に表示されていることを確認する．

(3) 電源がオフであること，その出力調整ダイヤルがゼロになっていることを確認し，負荷に電力が供給されていない状態で，回路の接続が正しいか，電流計，電圧計が正しくゼロを表示しているかを調べる．

【熱電対による温度測定】

(1) 電源をオンにし，電流値と電圧値を正しくモニターしながら，電源の出力調整ダイヤルをゼロから徐々に増加させ，教員が指示する一定の設定値に電力を調整し，以後それが一定になるように制御する．

> **注意**　電源に簡素な電流計と電圧計が内蔵されていることがあるが，これらを測定に使用せず，外部に付けられた電流計と電圧計を用いて，その読み取り目盛りの選択を誤らぬように注意して測定する．電流と電圧の設定値に関しては，75.0 W の電力あるいは 1.50 A の電流を標準の設定値とするが，グループごとに異なる場合があるので，出力調整ダイヤルを回す前に，担当教員に設定値を確認する．

(2)　0 分から 150 分まで 5 分ごとに，2 つの熱電対 A, B の熱起電力の測定値を記録し，熱起電力と温度の関係を表すグラフを用いて，熱起電力を温度に変換し，熱電対 A, B のそれぞれの温度 T_1, T_2 の経過時間に対する依存性を表すグラフを作成する．

【コンクリート管の形状測定】

1. 定規を用いて，試料の長さ L を測定する．測定は 3 回あるいはそれ以上行って記録し，それらの単純平均を計算に使用する測定値とする．
2. ノギスを用いて，試料の直径 D を測定する．測定は 3 回あるいはそれ以上行って記録し，それらの単純平均を計算に使用する測定値とする．
3. ノギスを用いて，試料の a と b をそれぞれ測定する．それぞれの測定は 3 回あるいはそれ以上行って記録し，それらの単純平均を計算に使用する測定値とする．
4. 前 2 項の結果から r_1 と r_2 の値を計算する．

11.4　実験結果の整理と課題

【実験結果の整理】

熱伝導率の計算

1. パソコンのエクセルファイルの各グループ番号の欄に上記の実験値を代入し，$C = \dfrac{VI\log_e(r_2/r_1)}{2\pi L}$ の計算結果から測定値が現実的な値であるかを確認する．
2. 150 分後の温度分布を熱平衡に至った定常状態であるとみなし，150 分後の熱電対 A, B の温度 T_1, T_2 を用いて，熱伝導率 λ を見積もる．

> **注意**　λ の有効数字の桁数に注意するとともに，単位を明記しなさい．計算は関数電卓などを用いて行ってよい．最近の関数電卓の多くにおいて，$\log_e(r_2/r_1)$ の計算は $r_2 \div r_1 = \ln =$ の順に入力することで行われるが，2 つのイコールが不要であるなどの例外もある．

3. 熱伝導率の値と付録 B の表 1 をもとに，試料であるコンクリートの種類を推定する．

【レポート課題】

(1)　熱伝導率と比熱の違いを説明せよ．

(2)　家屋の建築などにおいて，断熱や保温のための材料として適しているのは熱伝導率の大きいものと小さいもののどちらか．

(3)　魔法瓶はなぜ保温性に優れるのかを説明せよ．

(4)　ステンレスより熱伝導率の高い銀や銅により形成された鍋の使用が敬遠され，熱伝導率がずっと低い土鍋がときどき使用されるのはなぜか．

11.5　補足：熱伝導率 λ を表す式の導出

この補足では，熱伝導率を表す式 (11.3) の導出を行う．

図 11.2 のように，半径方向変位 r の点における熱流束密度 $J(r)$ は

$$J(r) = \frac{VI}{2\pi rL} \tag{11.4}$$

のように与えられられる．ここで，VI [W]（あるいは [J/s]）は円柱中心軸に沿って張られたニクロム抵抗線による単位時間に発するジュール熱である．同様にして，半径方向変位 $r + \Delta r$ のもう 1 つの点の熱流束密度 $J(r + \Delta r)$ は

$$J(r + \Delta r) = \frac{VI}{2\pi(r + \Delta r)L} \tag{11.5}$$

のように表される．フーリエの法則に基づくと，熱伝導媒体の熱伝導率 λ を比例定数として，熱流束密度が温度勾配

$\Delta T/\Delta r$ に比例するから，

$$\frac{1}{2}\left[\frac{VI}{2\pi\left(r+\Delta r\right)L}+\frac{VI}{2\pi rL}\right]=-\lambda\frac{\Delta T}{\Delta r}$$

が成立する．ここで，熱流束密度に関しては，$J\left(r\right)$ と $J\left(r+\Delta r\right)$ の単純平均とした．また，観測点が熱源から遠ざかり，半径方向変位 r がゼロから増加するとき，温度 T は増加せずに最大値から減少するため，比例定数 λ が負の値にならないように右辺に負符号を付与した．上式の両辺に $-\Delta r/\lambda$ を掛けると

$$-\frac{\Delta r}{2\lambda}\left[\frac{VI}{2\pi\left(r+\Delta r\right)L}+\frac{VI}{2\pi rL}\right]=\Delta T$$

が得られ，VI を一定にすれば，$T\left(r\right)$ が r の 1 変数関数となることがわかる．上式の左辺は

$$-\frac{VI}{4\pi\lambda L}\left[\frac{\Delta r}{r}\left\{\frac{1}{1+\Delta r/r}+1\right\}\right]=-\frac{VI}{4\pi\lambda L}\left[\frac{\Delta r}{r}\left\{\frac{1-\left(\Delta r/r\right)+\left(1+\Delta r/r\right)\left(1-\Delta r/r\right)}{\left(1+\Delta r/r\right)\left(1-\Delta r/r\right)}\right\}\right]$$

$$=-\frac{VI}{4\pi\lambda L}\left[\frac{2\Delta r-\left(\Delta r\right)^2/r-\left(\Delta r\right)^3/r^2}{r-\left(\Delta r\right)^2/r}\right]$$

のように変形され，$\Delta r\to 0$ のとき，変形された右辺では，高次の微小量である $\left(\Delta r\right)^2$ と $\left(\Delta r\right)^3$ は Δr よりもはやくゼロに収束し，かつ Δr を微分記号を用いた表記 $\mathrm{d}r$ とすることができるので，上式大括弧内は $2r^{-1}\mathrm{d}r$ と表される．さらに，右辺の ΔT を $\mathrm{d}T$ に置き換えると，

$$-\frac{VI}{2\pi\lambda L}\frac{1}{r}\mathrm{d}r=\mathrm{d}T \tag{11.6}$$

が成立する．上式において，高次の微小量を無視して得られるこの式は結局，熱流束密度を単純に $J\left(r\right)$ とおいた場合のフーリエの法則に相当する．上式の両辺を積分すると，

$$-\frac{1}{2\pi\lambda L}\int\frac{VI}{r}\mathrm{d}r=\int\ \mathrm{d}T \tag{11.7}$$

のように表され，さらに，中心からの半径方向の距離 r_1 と r_2 $\left(>r_1\right)$ において，それぞれの温度が $T\left(r_1\right)=T_1$，$T\left(r_2\right)=T_2$ $\left(<T_1\right)$ であるとして，左辺における r の積分範囲を r_1 から r_2 までとすると，それに対応する右辺における T の積分範囲は T_1 から T_2 までであるから，

$$-\frac{VI}{2\pi\lambda L}\int_{r_1}^{r_2}\frac{1}{r}\mathrm{d}r=\int_{T_1}^{T_2}\mathrm{d}T$$

が与えられ，2 つの定積分が等号で結ばれる．ここでは，試料の中心軸付近の内壁に与えられる単位時間あたりの熱エネルギーが時間的に変化せず一定であるとして，右辺の VI を積分の外に出した．付録 A で示されるように，r^{-1} を r で積分した関数は $\log_e r+C$（C は積分関数）であり，1 を T で積分した関数は $T+C'$（C' は積分関数）のように表されるので，上式の両辺の定積分を実行すると，

$$\frac{VI}{2\pi L}\left(\log_e r_2-\log_e r_1\right)=-\lambda\left(T_2-T_1\right)$$

が得られ，熱伝導率 λ が

$$\lambda=\frac{VI\ \log_e\left(r_2/r_1\right)}{2\pi L\left(T_1-T_2\right)} \tag{11.3}$$

のように表される．

11.6　補足：各種材料の密度，比熱容量，熱伝導率

表 1 にセメント・コンクリート・モルタル類，無機物質，金属，有機物質に属する各種材料の室温における密度 ρ，比熱容量 c，熱伝導率 λ，線膨張係数 β を示す．ここで，SUS はステンレス鋼を意味する．格子振動が熱の担い手である非金属の熱伝導率に比べて結晶全体に広がる自由電子を熱の担い手とする金属の熱伝導率は大きく，極低温を除きその温度に比例して増加する．金属の中でも鉛や鉄合金より導電率の高い銅の熱伝導率が大きい．材料中に生じた空間的な温度勾配が $\boldsymbol{x}$ 方向のみであるとすると，単位長さあたりの温度変化 $-\Delta T/\Delta x$ と熱伝導率 λ の積は単位時間に $\boldsymbol{x}$ を法線とする単位断面積を通過する熱エネルギー J $[\mathrm{J}/\left(\mathrm{m}^2\cdot\mathrm{s}\right)]$

$$J=-\lambda\frac{\Delta T}{\Delta x}$$

を表し，さらに，$\boldsymbol{x}$ 方向における単位長さあたりの J の減少量は単位体積あたりの熱エネルギー ρ_{E} $[\mathrm{J/m^3}]$ の単位時間あたりの増加量に相当する．よって，

$$\frac{\Delta\rho_{\mathrm{E}}}{\Delta t} = -\frac{\Delta J}{\Delta x} \quad \left(= \lambda \frac{\Delta}{\Delta x}\left(\frac{\Delta T}{\Delta x}\right)\right)$$

が成立する．この熱エネルギー ρ_{E} の時間的変化量と単位長さあたりの温度変化 $\Delta T/\Delta x$ との間には，材料の平均温度を 1°C 上昇させるのに要する単位体積あたりの熱エネルギーすなわち，体積熱容量 C_{V} $[\mathrm{J}/\left(\mathrm{m^3 \cdot K}\right)]$ を比例定数とする比例関係

$$\frac{\Delta\rho_{\mathrm{E}}}{\Delta t} = C_{\mathrm{V}} \frac{\Delta T}{\Delta t}$$

がある．表 1 に示された比熱 c は単位質量の材料の平均的な温度が 1°C だけ上昇するのに要する熱エネルギーであるから，上式の体積熱容量は比熱 c $[\mathrm{J/(kg \cdot K)}]$ と密度 ρ $[\mathrm{kg/m^3}]$ との積により与えられ，

$$C_{\mathrm{V}} = \rho c$$

のように表される．材料の体積熱容量 ρc が小さいことは加熱あるいは放熱において，それぞれ，空間的に平均された材料の温度が上昇あるいは下降という時間的変化をしやすいことを意味する．上の 4 式より，熱伝導方程式と呼ばれる拡散方程式

$$\frac{\Delta T}{\Delta t} = \frac{\lambda}{\rho c} \frac{\Delta}{\Delta x}\left(\frac{\Delta T}{\Delta x}\right)$$

が得られる．今，パソコンの CPU 基板のための放熱板に適した材料を探すことを考えると，放熱板の熱エネルギーの移動速度の指標となる熱伝導率 λ が増加すれば，J や $\Delta\rho_{\mathrm{E}}/\Delta t$ の絶対値が比例して増大するが，CPU に直に悪影響を与えるのは J や $\Delta\rho_{\mathrm{E}}/\Delta t$ よりも温度の上昇である．材料各点における温度の時間変化が大きければ，室温大気などの冷媒によって CPU も冷めやすいであろうから，放熱性は温度変化量 $\Delta T/\Delta t$ を基準にして評価されるべきであろう．上式において，単位体積あたりの温度変化 $\Delta T/\Delta t$ は λ に比例し，体積熱容量 ρc に反比例するから，単位体積熱容量あたりの熱伝導率 α

$$\alpha = \frac{\lambda}{\rho c}$$

を材料の放熱性を評価するための指標とすればよく，その SI 単位は

$$\frac{\mathrm{W}}{\mathrm{m \cdot K}}\left(\frac{\mathrm{J}}{\mathrm{m^3 K}}\right)^{-1} = \frac{\mathrm{J}}{\mathrm{m \cdot sK}} \frac{\mathrm{m^3 K}}{\mathrm{J}} = \mathrm{m^2/s}$$

である．これは熱拡散率あるいは温度伝導率と呼ばれ，単位時間あたりに温度が拡散する面積を表す．熱拡散率 α はレーザーフラッシュ法などによって測定が可能であるため，α と別の方法で求めた密度 ρ と比熱 c を $\lambda = \alpha\rho c$ に代入して，熱伝導率 λ を見積もることができる．

表 11.1　各種材料の密度，比熱容量，熱伝導率，線膨張率

分類	材料名	密度ρ $\times 10^3$ kg/m^3	比熱 c $\times 10^{-3}$ J/(kg·K)	熱伝導率λ W/(m·K)	線膨張率β $\times 10^{-6}$ K^{-1}
セメント他	木毛セメント板	0.65	1.7	0.14	10.5
	軽量気泡コンクリート	0.60	1.1	0.16	7.35
	気泡コンクリート	0.60	0.75	0.23	4
	軽量コンクリート	1.70	0.84	0.72	9
	モルタル	2.20	0.80	1.39	11
	高炉セメント A 種	3.0	0.90	1.49	16.5
	シリカセメント A 種	3.0	0.90	1.49	16
	普通コンクリート	2.2	0.84	1.51	9.75
無機	石英ガラス	2.20	0.772	1.38	0.51
	パイレックスガラス	2.23	0.71	1.1	3
	シリコン結晶基板	2.329	0.703	0.16	4.15
金属	銅	8.9	0.419	372	17.7
	鉛	11.34	0.130	35	29.3
	マルテンサイト系 SUS304	7.93	0.59	16.7	17.6
	フェライト系 SUS444	7.75	0.46	26.0	10.6
	二相系 SUS329J4L	7.80	0.50	20.9	10.5
有機	硬質塩化ビニル	1.35 ~ 1.45	0.84 ~ 1.26	0.16 ~ 0.17	60
	アクリル	1.19	1.46	0.19	70
	ポリカーボネート	1.2	1.26	0.19	70

実験 12

交流電圧の重ね合わせ——オシロスコープ

12.1　目的

オシロスコープの構造と動作原理を理解し，使用方法を習得して電気信号の観測方法を学ぶ．スクリーンにリサージュ図形を描き交流の位相差を求める．

12.2　原理

オシロスコープはブラウン[1]管を用いて，電気信号を目に見える形で観測・測定するように工夫された装置である．図 12.1 にオシロスコープの心臓部ともいえるブラウン管の構造を示す．①ヒーターで加熱された陰極 K から電子が放出され，電子流が作られる．②この電子流の大きさをグリッド G_1, G_2 で制御し，③陽極 P_1, P_2 で加速，集束することにより電子流は細い流れとなり電子線（陰極線）を形成する．ここまでの部分を電子銃と呼ぶ．④電子銃を出た電子線（陰極線）は垂直偏向板 V および水平偏向板 H の電圧に応じて，その軌道は上下，左右に変化し，⑤蛍光面（スクリーン）S にぶつかる．当たったところは蛍光を発し，これが外から観察される．2 つの偏向板に電圧がかかっていないときには，電子線はまっすぐに走るため，蛍光面 S の真ん中が点状に光る．偏向板に電圧がかかると，電圧の大きさや周期に応じて電子線が上下，左右に振られ，蛍光面 S 上にはその軌跡が描かれる．

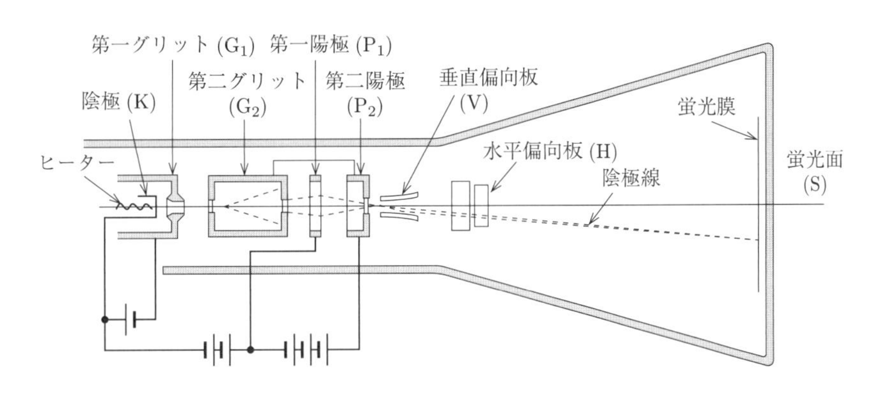

図 12.1　ブラウン管の構造

オシロスコープには，(1) 電圧の時間的変化や (2) 2 つの異なる信号電圧を合成したものを視覚的に（グラフに）表示する機能（使い方）がある．

【電圧波形の観測】

偏向板による陰極線の偏向動作によって，蛍光面 S 上に観測したい交流電圧の映像が描かれる様子を図 12.2 に示す．垂直偏向板 V に観測しようとする周期的な電圧を，水平偏向板 H には内蔵発振器で同じ周期 T をもつ鋸歯状（のこぎり状）電圧をかける．鋸歯状電圧とは，図 12.2 の「水平偏向板 H にかかる電圧」の波形のように，周期 T で時刻 0 から $T/4$, $T/2$, $3T/4$, T と直線的に電圧が増加し，時刻 T で瞬時に初めの電圧に戻り再び時間とともに直線

[1] Karl Friedrich Braun (1850-1918)，ドイツの物理学者．陰極線の方向を制御して初めてブラウン管と呼ばれる陰極線管を作った (1897)．1909 年，G. M. Marconi とともにノーベル物理学賞を受けた．

的に電圧が増すことを繰り返す電圧で，この波形が鋸の歯のように見えることから鋸歯状電圧と呼ばれている．

観測したい交流電圧が垂直偏向板 V に印加されると，電子線は電圧に比例して上下に振られる．水平偏向板 H にかかる鋸歯状電圧は，電子を水平に引っ張る役目をする．これを掃引という．図 12.2 には，$t = T/4$ と $t = 3T/4$ において陰極線の蛍光面 S に当たる点がどのように決まるか矢印で示している．

V による垂直方向の振動と H による水平方向の振れとの合成により，観測したい交流電圧と相似の波形が蛍光面 S 上に描かれる．このときオシロスコープ画面の縦軸 y は観測信号の電圧を，横軸は時間 t を表す．これによって，かなり速く変化する周期的な電圧 $V = y(t)$ グラフを画面上で直接観察することができる．鋸歯状電圧の周期を観測電圧の周期の 2 倍にとれば，蛍光面 S 上には 2 サイクルの波形が現れる．

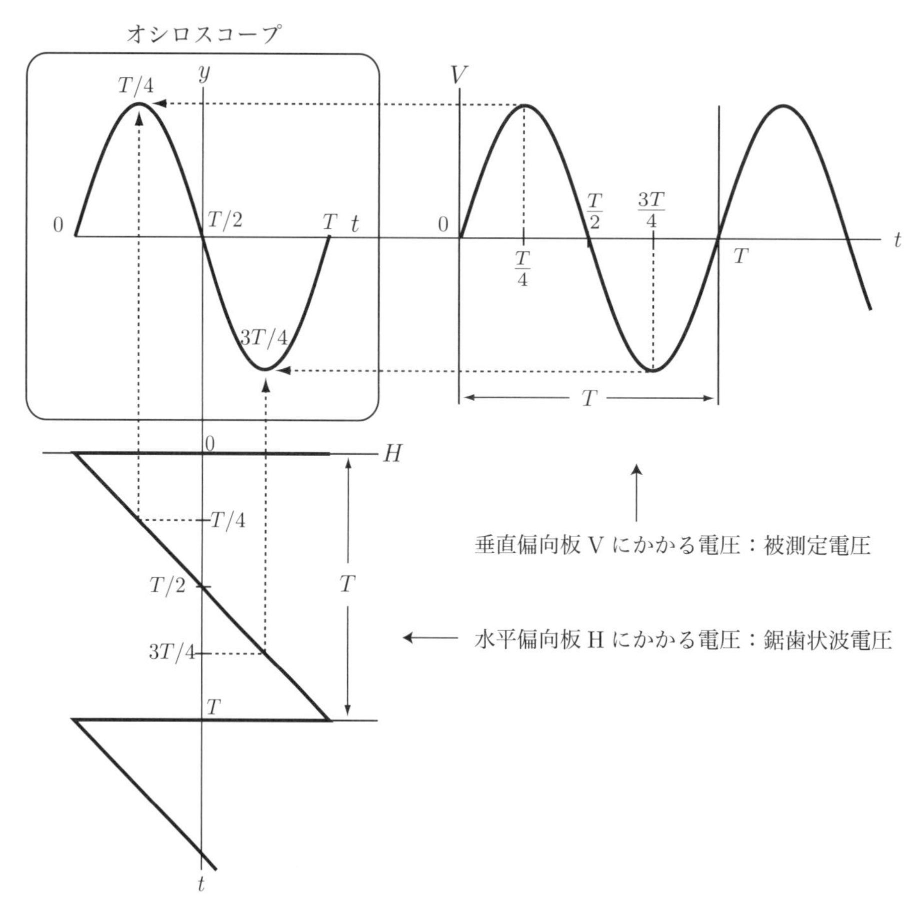

図 12.2　鋸歯状波による掃引

【リサージュ図形】

オシロスコープを X-Y モードにし水平偏向板 H に外部から別の周期的な電圧をかけると，垂直偏向板 V にかけた周期的な電圧との合成図形が蛍光面 S 上に描かれる．このとき横軸は水平偏向板 H にかけた信号の電圧 X を，縦軸は垂直偏向板 V にかけた信号の電圧 Y を表す．ここで得られた図形をリサージュ図形という．リサージュ図形とは互いに垂直な方向の単振動を合成した二次元運動の描く図形のことで，以下に示すオシロスコープを用いる方法の他にブラックバーン振り子を用いても得ることができる．

X 軸および Y 軸に入力される電圧は次のような正弦波である．

$$X = A\sin(\omega_x t + \alpha) \tag{12.1}$$

$$Y = B\sin(\omega_y t + \beta) \tag{12.2}$$

ここで，A, B は各電圧の振幅，また，ω_x, ω_y は角振動数でそれぞれの電圧の周波数（振動数）を f_x, f_y とすると $\omega_x = 2\pi f_x, \omega_y = 2\pi f_y$ である．α, β は初期位相である．この 2 つの電圧によって陰極線が X–Y 面に描く軌跡は一般にかなり複雑である．2 つの角振動数が等しいときには，$\omega_x = \omega_y = \omega$ とし t を消去すると次式が得られる．

$$\frac{X^2}{A^2} + \frac{Y^2}{B^2} - \frac{2XY}{AB}\cos(\beta - \alpha) = \sin^2(\beta - \alpha) \tag{12.3}$$

これは，一般には $X = \pm A, Y = \pm B$ からなる矩形に内接する楕円を表す．図 12.3 に $A = B = 1, \alpha = \pi/4, \beta = 0$ のとき，つまり，水平偏向板 H に $X = \sin(\omega t + \pi/4)$ なる電圧をかけ，垂直偏向板 V に $Y = \sin\omega t$ の電圧をかけたとき，リサージュ図形として $X^2 + Y^2 - \sqrt{2}XY = 1/2$ の楕円が得られる例を示す．ここでも，$t = T/4$ と $t = 3T/4$ において陰極線の蛍光面 S に当たる点がどのように決まるか矢印で示してある．

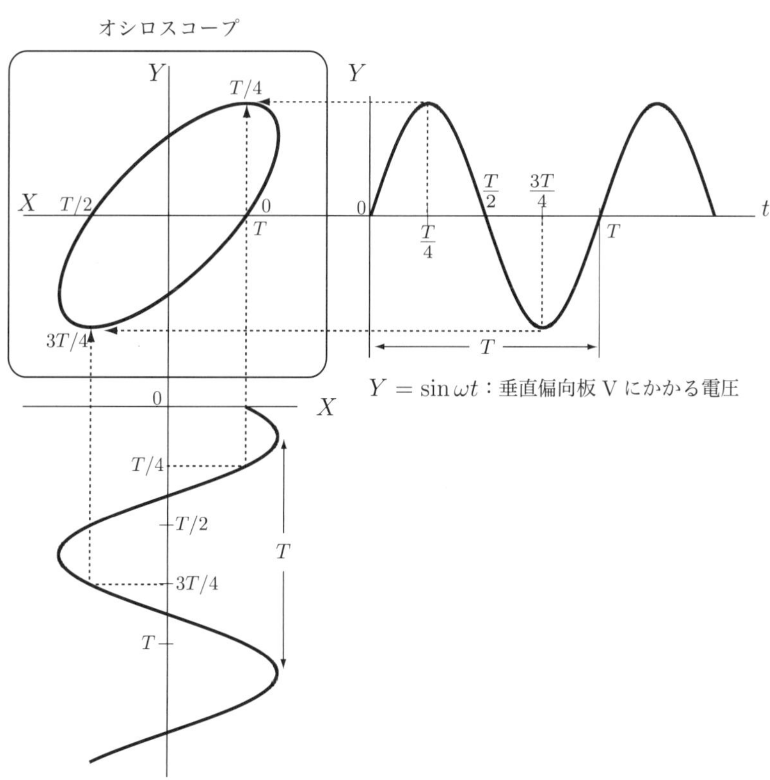

図 12.3　$X = \sin(\omega t + \pi/4)$，$Y = \sin(\omega t)$ の重ね合わせによるリサージュ図形

周波数比 f_x/f_y が整数比のとき，スクリーンには静止した閉曲線が現れ，位相差 $\beta - \alpha$ に応じて種々の曲線を描く．図 12.4 にいくつかの例を示す．

12.3 実験

【実験概要】

1 台の発振器（小型）をオシロスコープの CH1 へ，のこりの 1 台を CH2 に接続し，2 つの交流を重ね合わせてリサージュ図形を観測し，カメラで撮影する．撮影したリサージュ図形を分解し位相差を求める．

【実験装置】 デジタル・オシロスコープ，発振器（大，小）

【オシロスコープと発振器の調整】

(1) オシロスコープの電源⑨を入れる．トリガーモード㉘で AUTO を選ぶ．スクリーンに輝線が表れる．

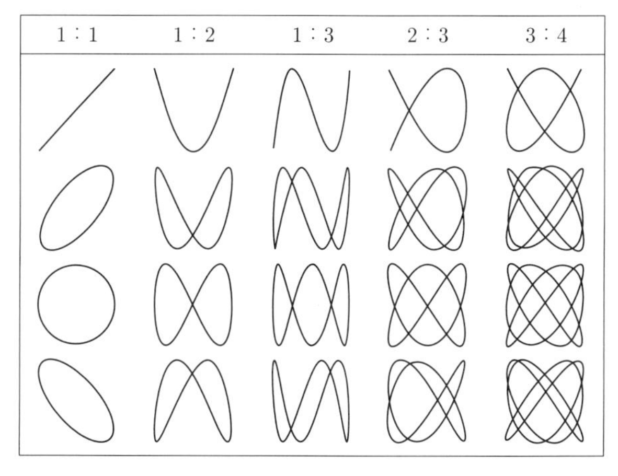

図 12.4　リサージュ図形の例

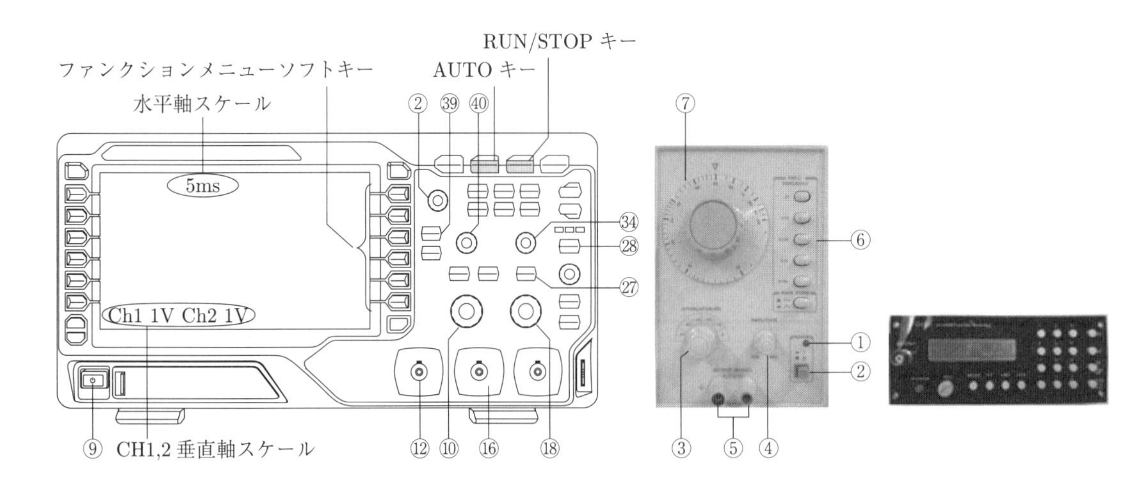

図 12.5　左 オシロスコープ　　中央 発振器（大）　　右 発振器（小）

(2) オシロスコープのマルチファンクションノブ②で輝線の明るさを調節し鮮明な表示に調整する．

(3) 発振器（小）の電源を入れ，周波数 50 Hz を確認し出力をオシロスコープの CHANNEL-1 (CH1)⑫に接続する．

(4) 発振器（大）の SWITCH②を入れ，発振器の⑥⑦を使って周波数を 50 Hz にして出力⑤をオシロスコープの CHANNEL-2 (CH2)⑯に接続する．

(5) オシロスコープの AUTO キーを押し測定を開始する．CH1（黄色）の信号振幅が 1 V（ピークからピークまで 2 V）であることを確認し，CH2（水色）の信号振幅が 1.5 V になるように，発振器（大）の③④を調整する．CH1,2 垂直軸スケールを 1 V になるよう，垂直スケール⑩，CH1, CH2㊴で調整する．水平軸スケールが 5 ms になるように水平スケール⑱で調整する．

(6) RUN/STOP キーを押し測定を停止し，信号図形を撮影または書き写すなど記録する．RUN/STOP キーを押し測定を再開する．

(7) オシロスコープのメニュー㉗とファンクションメニューソフトキーを使い XY を選択しメニュー㉗を押して確定させ，リサージュ図形を描かせる．垂直 POSITION㊵，CH1, CH2㊴を調整して画面の中央に移動させる．垂直スケール⑩を調節して CH1,2 垂直軸スケールを 0.5 V に，水平スケール⑱を調整して水平軸スケールを 5 ms に設定する．

【リサージュ図形の観測】

(1) 周波数比 50 Hz : 50 Hz のリサージュ図形を記録する．記録のためタイミングを計って RUN/STOP キーを押し測定を停止させる．見映えの良いリサージュ図形が得られたら，図形を記録する（撮影・書写し等）．

(2) RUN/STOP キーを押し測定を再開し CH2 の周波数を 100 Hz に変え，(1) と同様な方法で周波数比 50 Hz : 100 Hz のリサージュ図形を記録する．

(3) 測定を再開し CH2 の周波数を 150 Hz に変えて，周波数比 50 Hz : 150 Hz のリサージュ図形を記録する．

> **注意**　なお，リサージュ図形はグラフ用紙左上 1/4 程度の大きさに納めること．【実験結果の整理】で示すように，グラフ用紙の右上および左下にはリサージュ図形を分解した波形を描くため，グラフ用紙 1 枚につき 1 つのリサージュ図形を描くこと．

補足　その他の図形記録法「電源⑨右の USB コネクターに USB メモリーを挿入し PRINT キー（緑色）を押す．」ただし条件により保存できない場合もあります．

12.4 実験結果の整理と課題

【実験結果の整理】

まず，リサージュ図形を縦方向と横方向の振動に分解し，合成前の水平偏向板 H にかけた式 (12.1) の電圧 $X(t)$ と垂直偏向板 V にかけた式 (12.2) の電圧 $Y(t)$ とをグラフに表す．ここでは，$A=2$, $B=3$ とし，初期位相 $\beta=0$ ととり，位相差 α を求める．

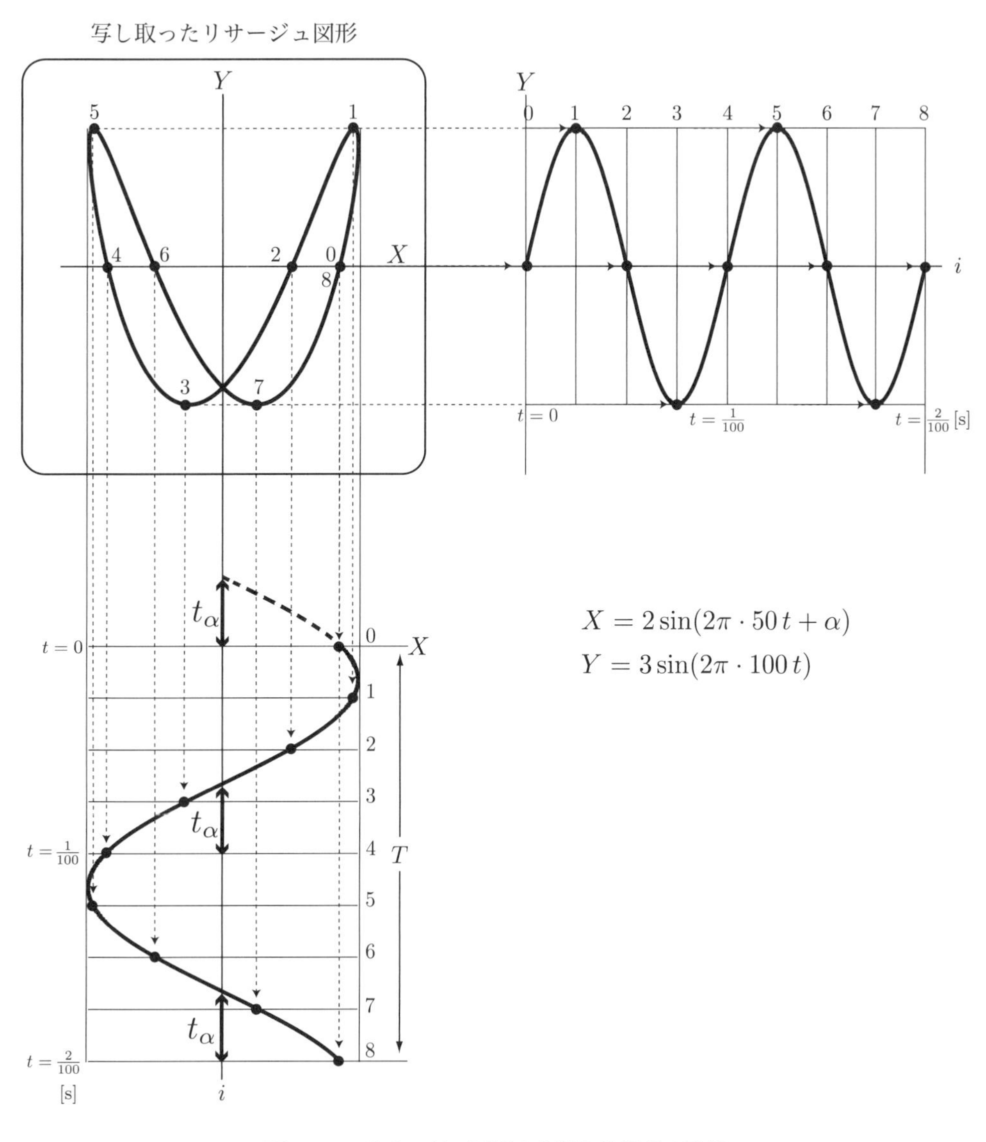

図 12.6 リサージュ図形の分解と位相差の計算

(1) リサージュ図形の分解

① 図 12.6（1：2 のリサージュ図形の例）に示すように，写し取ったリサージュ図形の $Y=0$ になる一番右の点を時刻 $t=0$ (仮の時刻 $i=0$) にとり，以下図のように，$i=1,2,\cdots 8$ (仮の周期を $T=8$ とする) なる点をとる．i は実時間 t と $t=\dfrac{i}{T}\times\dfrac{1}{50}$ [s] の関係にある．ここで，$\dfrac{1}{50}$ [s] は $X(t)$ の周期である．

② 縦，横両方向に仮の時間軸 (i 軸) をとり，$i=0$ から 8 まで等間隔に目盛る．

図 12.6 には，実時間 t [s] と i を対比して書いてある．

③ リサージュ図形の $i=0$ なる点から X, Y 両方向に垂線を下ろし，$i=0$ ($t=0$) における $X(0)$ と $Y(0)$ の値を決める．

④ 同様に $i=1,2,\cdots$ の点からも垂線を下ろし，X–t グラフおよび Y–t グラフ上の値を決め，各点を結んで正弦曲線を描く．

⑤　1：1, 1：3 のリサージュ図形についても同様に分解する．

ただし，1：1 のリサージュ図形の場合は，時間軸の目盛りは $i=0$ から $i=4$ $(T=4)$ までとなり，1：3 のリサージュ図形の場合は，$i=0$ から $i=12$ $(T=12)$ までとなる．

(2) **位相差の計算**

仮の時刻 i と仮の周期 T を用いると $X(i)$ は

$$X(i) = 2\sin\left[\frac{2\pi}{T}(i+t_\alpha)\right]$$

と表される．ここで t_α は位相差 α と $t_\alpha = \dfrac{T}{2\pi}\alpha$ の関係にあり，分解して得られた $X(i)$ のグラフの i 軸上で図 12.6 に示すように t_α として読み取ることができる．

①　1：2 のリサージュ図形を分解して得られた正弦曲線 $X(i)$ について，グラフより仮の周期 T および t_α を読み取り，位相差 $\alpha = 2\pi\dfrac{t_\alpha}{T}\left(=360^\circ\times\dfrac{t_\alpha}{T}\right)$ を求める．図 12.6 の例では，$T=8$, $t_\alpha=1.3$ と読み取れるので位相差は $\alpha = 360^\circ\times\dfrac{1.3}{8} = 58.5^\circ$ と求まる．

②　1：1, 1：3 のリサージュ図形についても同様に位相差を求める．

③　1：1, 1：2, 1：3 のリサージュ図形について，求めた位相差から Excel などのアプリを使ってリサージュ図形を描き，自分で撮影したリサージュ図形と比較する．

【レポート課題】

(1)　ブラックバーン振り子について調べよ．

(2)　リサージュ図形を応用した機械を考えてみよ．

(3)　$x(t)=\sin(2\pi\cdot 100\,t+\alpha)$, $y(t)=\sin(2\pi\cdot 150\,t)$ を合成して得られるリサージュ図形を作図せよ．ただし，位相差 α は適当に選んでよいが，必ず与えてその数値を記載すること．

(4)　一般に波は，正弦波を基本波とし，この基本波の整数倍の周波数をもつ波を適当に重ね合わせることによって作ることができる．

$$\sin\omega t,\ \frac{1}{2}\sin 2\omega t,\ \frac{1}{3}\sin 3\omega t,\ \frac{1}{4}\sin 4\omega t,\ \frac{1}{5}\sin 5\omega t,\cdots,\frac{1}{n}\sin n\omega t,\cdots\ (n\to\infty)$$

の前 2 個の波を合成すると図 12.7 のようになる．前 4 個の波を合成せよ．また，極限まで重ね合わせるとどんな波になるか考えてみよ．

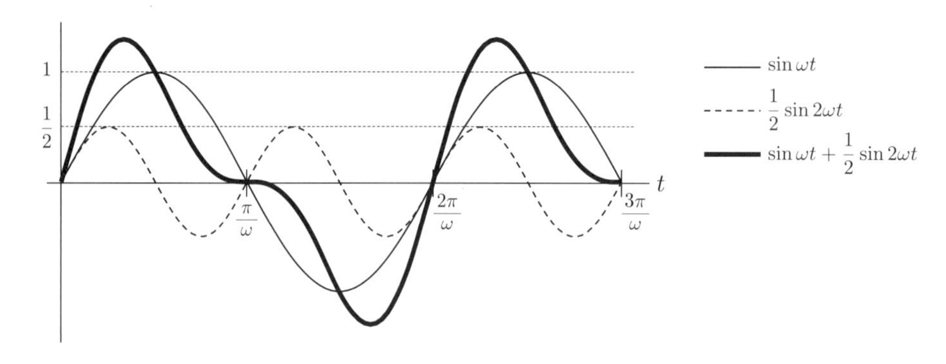

図 12.7　振動数の比が 1：2 の波の重ね合わせ

実験 13

トランジスタの電気的特性の測定

13.1 目的

トランジスタの電気的特性を測定することにより，その電流増幅作用を確認する．

13.2 原理

導体と絶縁体の中間的な電気的性質を示す半導体のうち，電流の運び手，すなわち，キャリア（の多数）が電子（負 (negative) の電荷）であるものを n 型半導体と呼び，キャリア（の多数）が正孔（正 (positive) の電荷）であるものを p 型半導体と呼ぶ．p 型半導体と n 型半導体が接している構造を pn 接合，p 型半導体と n 型半導体を交互に 3 つ接合したものを（接合型）**トランジスタ**と呼ぶ．したがって，トランジスタには，pnp 型トランジスタと npn 型トランジスタの 2 種類があり，いずれも，pn 接合を 2 つ含んでいる．

npn 型トランジスタに，図 13.1 のように電圧をかけるとする．（pnp 型トランジスタの場合には，電圧のかけ方を逆転させる．）このとき，中央の p 型半導体を**ベース** (base)，左側の n 型半導体を**エミッタ** (emitter)，右側の n 型半導体を**コレクタ** (collector) と呼ぶ．すなわち，エミッタを共通電極として（**エミッタ接地**），ベースに電圧 V_{BE} を，コレクタに電圧 V_{CE} をかける．エミッタに流れる電流 I_E，ベースに流れる電流 I_B，および，コレクタに流れる電流 I_C の間には，電流保存則より，$I_E = I_B + I_C$ の関係が成り立つが，トランジスタは，ベース電流 I_B の大きさが小さくなるように作られているので，エミッタ電流 I_E とコレクタ電流 I_C の大きさはほぼ等しく，これらに比べて I_B は非常に小さくなる．したがって，これらの電流の大きさの比を表すために，（エミッタ接地の）電流増幅率

$$\beta = \frac{I_C}{I_B} \tag{13.1}$$

を導入すると，β は非常に大きい値となり，これがトランジスタの電流増幅作用を特徴づけている．

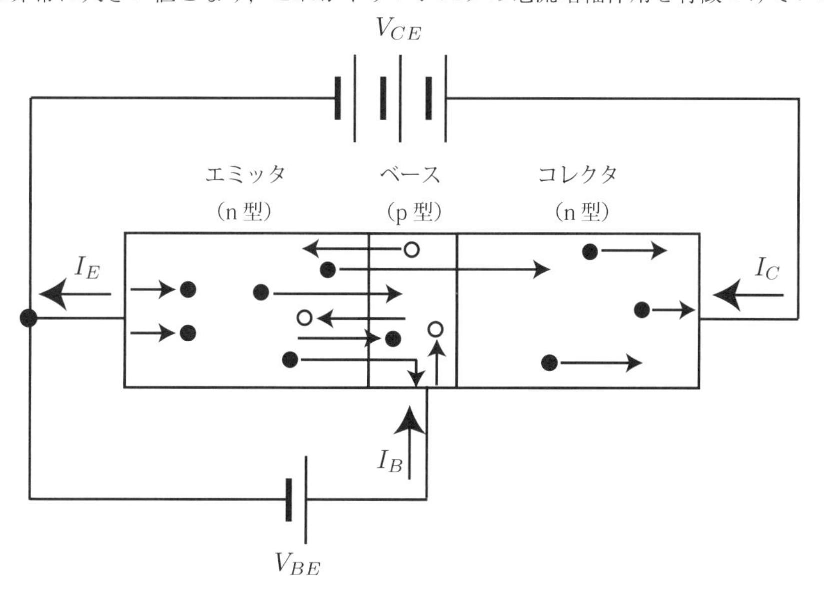

図 13.1　トランジスタの動作．黒丸が電子を，白丸が正孔を表す．

2 つの電圧 V_{BE} と V_{CE}，および，2 つの電流 I_B と I_C の関係をまとめて表すために，図 13.2 のようなグラフが用いられる．第一象限においては V_{CE} と I_C の関係が，第二象限においては I_B と I_C の関係が，第三象限においては I_B と V_{BE} の関係が，第四象限においては V_{CE} と V_{BE} の関係が示してある．

なお，回路図中では，トランジスタは図 13.3 のように表される．電流の向きを矢印で表した端子がエミッタである．（したがって，矢印の向きによって，pnp 型か npn 型かが区別できるようになっている．）

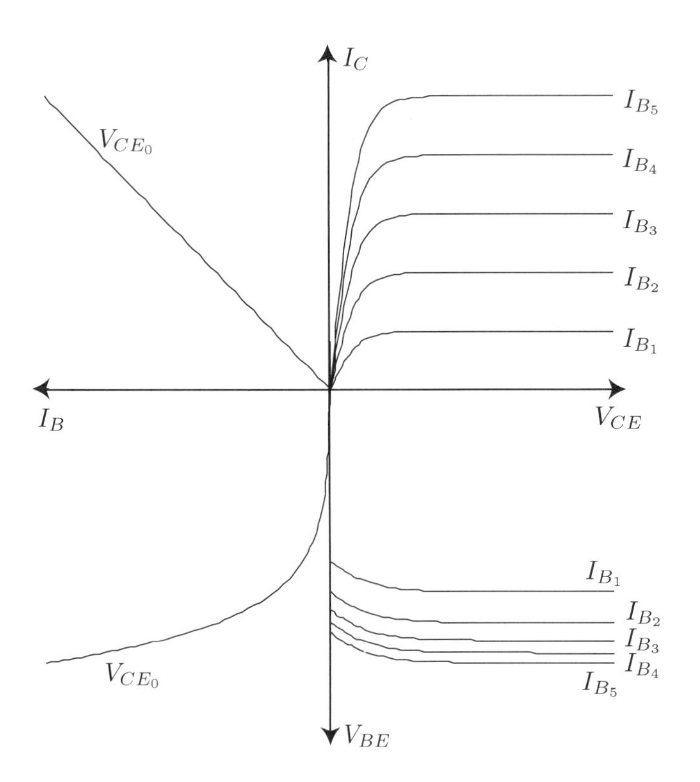

図 13.2　エミッタ接地におけるトランジスタの特性

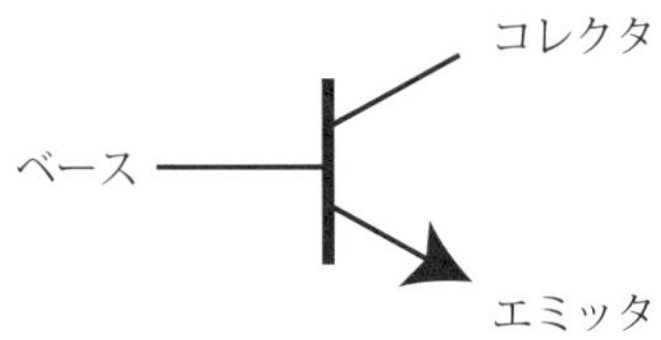

コレクタ
ベース
エミッタ

図 13.3　npn 型トランジスタの回路記号

13.3　実験

【実験の概要】

エミッタ接地回路において，I_B と V_{CE} の値を既定の値に合わせたときの，V_{BE} と I_C の値を測定する．

【実験装置】

(1)　npn 型トランジスタのエミッタ接地回路（図 13.4 参照）：npn 型トランジスタ，可変抵抗（R_1, R_2, R_3），電源スイッチ（S_1, S_2）

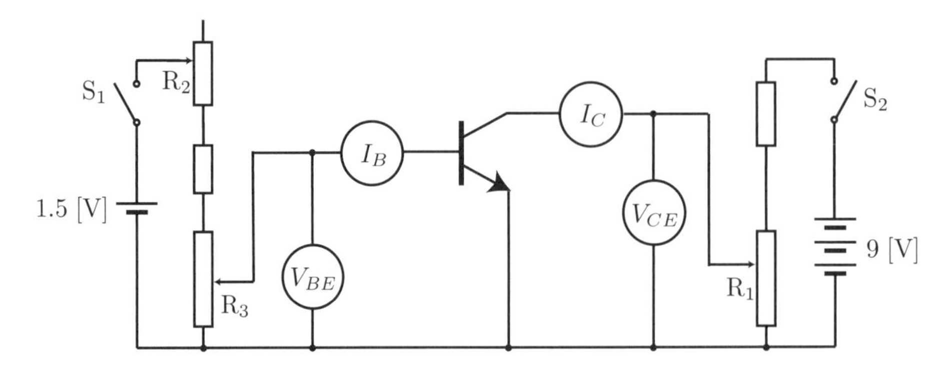

図 13.4　エミッタ接地回路

(2)　直流電源（1.5[V]），直流電源（9[V]），I_B 測定用電流計，I_C 測定用電流計，V_{BE} 測定用電圧計，V_{CE} 測定用電圧計

【実験準備】

回路の端子を，以下のとおり，電源，電流計，電圧計に接続する．

①　回路の左側のペアの端子は，1.5 [V] の電源端子に接続する．赤い端子は電池の + 極に，黒い端子は − 極に接続する．

②　回路の右側のペアの端子は，9 [V] の電源端子に接続する．赤い端子は電池の + 極に，黒い端子は − 極に接続する．

③　回路の下側左端のペアの端子は，I_B 測定用電流計に接続する．赤い端子は電流計の + の端子に，黒い端子は電流計の 0.3（単位は [mA]）の端子に接続する．

④　回路の下側左から 2 番目のペアの端子は，V_{BE} 測定用電圧計に接続する．赤い端子は電圧計の + の端子に，黒い端子は電圧計の 1（単位は [V]）の端子に接続する．

⑤　回路の下側右から 2 番目のペアの端子は，I_C 測定用電流計に接続する．赤い端子は電流計の + の端子に，黒い端子は電流計の 30（単位は [mA]）の端子に接続する．

⑥　回路の下側右端のペアの端子は，V_{CE} 測定用電圧計に接続する．赤い端子は電圧計の + の端子に，黒い端子は電圧計の 10（単位は [V]）の端子に接続する．

注意　配線が終了したら，必ず，正しく配線できているか確認すること．誤った電圧をかけたり，電流を流したりすると，トランジスタはすぐに破損してしまうので，配線の確認を怠らないこと．

【測定準備】

①　電源スイッチ S_1 と S_2 が 2 つとも OFF になっていることを確認し，3 つの可変抵抗 R_1, R_2, R_3 をすべて反時計回り（左回り）に回しきっておく．

②　電源スイッチ S_1 と S_2 を 2 つとも ON にする．（この段階で，電流計，電圧計がすべて目盛りゼロを指していることを確認する．）

③　可変抵抗 R_3 によって，粗調整（おおざっぱな調整）を行う．V_{BE} が，約 0.6 [V] になるくらいまで可変抵抗 R_3 を回しておく．（0.6 [V] に到達せずに回りきってしまう場合には回しきっておく．）

【測定】

(1)　以下の手順で，$I_B = 0.040$ [mA], $V_{CE} = 0.1$ [V] のときの I_C と V_{BE} を測定する．

①　可変抵抗 R_2 を回すことによって，I_B を 0.040 [mA] に合わせる．

②　可変抵抗 R_1 を回すことによって，V_{CE} を 0.1 [V] に合わせる．

③　上の 2 つの手順を交互に繰り返し，I_B が 0.040 [mA] に，V_{CE} が 0.1 [V] に，同時に合うように調整する．

④　I_C と V_{BE} の値を測定する．

(2)　上の手順 (1) と同様の手順によって，I_B を 0.040 [mA] に合わせたまま，V_{CE} を 0.1 [V] おきに 0.1 [V] から 0.3 [V] まで，1 [V] おきに 1 [V] から 4 [V] まで計 7 通りに変化させて，I_C と V_{BE} の値を測定する．

(3)　I_B を 0.040 [mA] おきに 0.040 [mA] から 0.200 [mA] まで 5 通りに変化させて，それぞれの I_B に対して V_{CE} の値を上の手順 (2) と同様に 7 通りに変化させ，I_C と V_{BE} の値を測定する．

13.4　実験結果の整理と課題

【実験結果の整理】

(1)　表の作成

測定値を表 13.1 のようにまとめる．

表 13.1　トランジスタの特性の測定値

I_B [mA]	V_{CE} [V]	I_C [mA]	V_{BE} [V]
0.040 (I_{B_1})	0.1		
	0.2		
	0.3		
	1.0		
	2.0 (V_{CE_0})		
	3.0		
	4.0		
0.080 (I_{B_2})	0.1		
	0.2		
	0.3		
	1.0		
	2.0 (V_{CE_0})		
	3.0		
	4.0		
0.120 (I_{B_3})	0.1		
	0.2		
	0.3		
	1.0		
	2.0 (V_{CE_0})		
	3.0		
	4.0		
0.160 (I_{B_4})	0.1		
	0.2		
	0.3		
	1.0		
	2.0 (V_{CE_0})		
	3.0		
	4.0		
0.200 (I_{B_5})	0.1		
	0.2		
	0.3		
	1.0		
	2.0 (V_{CE_0})		
	3.0		
	4.0		

(2)　グラフの作成

測定値を，図 13.2 のようなグラフに表す．

①　第一象限においては，5 通りの I_B（$I_{B_1}, I_{B_2}, I_{B_3}, I_{B_4}, I_{B_5}$）についてプロットを行い，滑らかな曲線で結ぶ．

②　第二象限においては，$V_{CE} = 2.0$ [V]（V_{CE_0}）についてのみプロットを行い，原点を通る直線で結ぶ．

③　第三象限においては，$V_{CE} = 2.0$ [V]（V_{CE_0}）についてのみプロットを行い，滑らかな曲線で結ぶ．

④　第四象限においては，5 通りの I_B（$I_{B_1}, I_{B_2}, I_{B_3}, I_{B_4}, I_{B_5}$）についてプロットを行い，滑らかな曲線で結ぶ．

グラフの各軸には単位を明示すること．

(3)　電流増幅率の計算

作成したグラフから，電流増幅率 β を求める．また，式 (13.1) を用いて，$V_{CE} = 2.0$ [V] (V_{CE_0}) のとき 5 通りの I_B（$I_{B_1}, I_{B_2}, I_{B_3}, I_{B_4}, I_{B_5}$）の値での電流増幅率 β を I_B と I_C の有効数字に留意して計算して求めよ．

【レポート課題】

1. トランジスタにかける電圧を大きくすることによって，電流増幅率をより大きくすることは可能だろうか？ $V_{CE} > 2.0$ [V] に対して，電流増幅率 β がどのような値になるか，実験で得られたグラフから推測せよ．
2. トランジスタの増幅作用の応用例を挙げよ．

実験 14

気柱共鳴の実験

14.1 目的

音は空気を媒質とする振動であり，人は音によって会話をしたり音楽を楽しむことができる．音は最も身近な波動であり音波と呼ばれる．この実験の目的は，気柱を用いた共鳴の実験にて音波の波長を測定し音速を求めることにより，音波の基本的な性質を理解することにある．

14.2 原理

【音波】

太鼓などをたたくと，膜が振動して空気を圧縮または膨張させて，空気に疎密変化を与える．この疎密変化が空気を伝わっていくのが音波である．このことから，音波は疎密波であることがわかる．音の大きさ（強さ）の違いは，音波の振幅の違いによる．振幅が大きい音波は密度変化が大きく，大きな音として聞こえる．音の高さの違いは，音波の振動数の違いによる．人間が耳で聞くことができる音の振動数（可聴音）は，およそ 20 から 20000Hz の範囲である．

音波の伝わる速さは振動数に関係なく，媒質（波を伝える物質）のみで決まる．音波が乾燥した空気中を伝わる速さ v [m/s] は，気温 t [°C] によって変化し，

$$v = 331.5 + 0.6t \text{ [m/s]} \tag{14.1}$$

と表せる．ある音波の波長を λ [m]，振動数（周波数）を f [Hz] とすると，この音波は 1 秒間に f 回振動し，1 回あたりの振動で λ [m] 進む．したがって，1 秒間に進む距離，すなわち音速 v は，

$$v = f\lambda \tag{14.2}$$

となることがわかる．

【気柱共鳴】

一端を閉じた管内に一定の振動数の音を入れる場合を考える．このような管の中の空気を気柱と呼ぶ．気柱内の音波は反射し開口端に戻ってくる．図 14.1 に気柱共鳴の実験の様子を示す．図 14.1 (a) に示すように，水面の高さが波の節の部分に一致していると，行きと帰りの波が重なり合い音は強まり共鳴する．この共鳴する位置の間隔は，図 14.1 (b), (c) からわかるように半波長 $\lambda/2$ ごとに現れる．このことから，音の強まる水面の位置を測定することにより，音波の波長 λ を求めることができ，図 14.1 (c) を例に考えると，

$$\lambda = x_3 - x_1 \tag{14.3}$$

となる．また，音波の振動数 f がわかれば，式 (14.2) より音速を求めることができる．

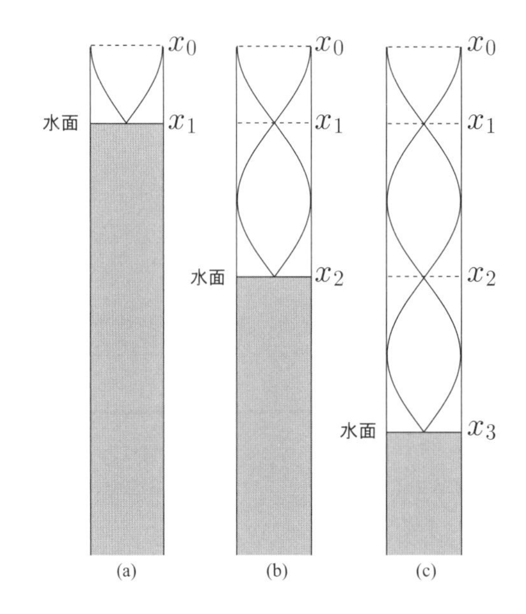

図 14.1　気柱による共鳴

14.3　実験

【実験の概要】

本実験では，気柱共鳴装置を用いてスピーカーから発生する一定振動数の音波の波長を測定する．気柱共鳴装置は図 14.2 に示すように，気柱用ガラス管，ビーカー，発振器，スピーカー，マイク，増幅器，電圧計，周波数計からなっている．一定の振動数の音波は，スピーカーから発生する．マイクで収音された音は増幅器で電圧信号に変換され増幅される．音の大きさは電圧計で測定する．

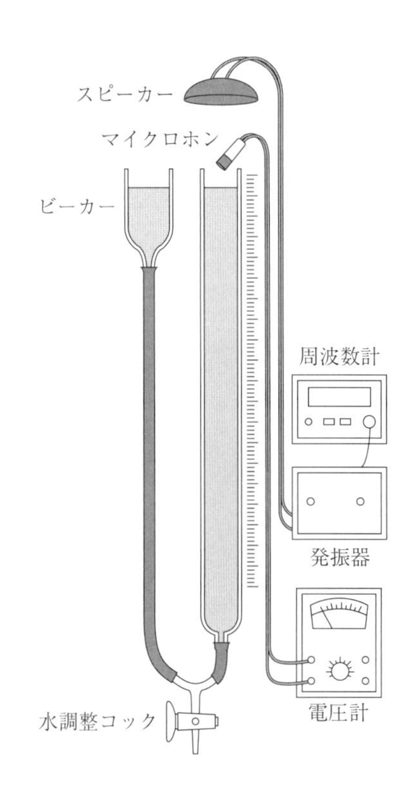

図 14.2　実験装置の概要

【実験準備】

① 実験室内の気温を測定する．

② 水調整コックを閉じる．水調整コックの下に取り付けられているホースを排水用バケツに入れる．

③ ビーカーに水を注ぎ，気柱管の開口端より 30 mm 下まで水面をもってくる．このとき，開口端から水を溢れさせないように注意すること．発振器，周波数計，電圧計の電源を入れる．スピーカーから音が出ていることを確認し，周波数計が 1200 Hz (1.2 kHz) を指示していることを確認する．

【波長測定】

① 水調整コックを開き水面を 10 mm ごとに下げながら音の強さ（電圧計で測定される電圧）を読み取る．開口端下 30 mm から 510 mm まで測定を行う．

② 音の強さが極大となる位置を見つける．①の結果から極大値付近と予想される付近では細かく 1 mm 間隔で音の強さを測定する．

注意　本実験ではガラス器具を使用する．ガラス器具は衝撃に弱いので，取り扱いには十分に注意すること．

14.4　実験結果の整理と課題

【実験結果の整理】

(1)【波長を求める】

表 14.1 に示すように実験結果を表にまとめる．次に音の強さが最大となる位置を見つけるために図 14.3 に示すようなグラフを作成する．横軸は開口端からの水面位置 [mm]，縦軸は電圧 [mV] である．このグラフから音の強さが最大値となる水面の位置 x_1, x_2, x_3, x_4 を求める．音の強さが最大値となる水面の位置は $\lambda/2$ ごとに現れるので，$(x_3 - x_1)$ および $(x_4 - x_2)$ が波長となる．これらの平均をとると，

$$\lambda = \frac{(x_3 - x_1) + (x_4 - x_2)}{2} \tag{14.4}$$

となり，本実験で使用した音波の波長が求まる．

表 14.1　水面の位置による出力電圧の変化（データ整理の仕方）

10mm 間隔の測定

水面からの位置[mm]	電 圧 [mV]
30	
40	
50	
60	
70	
80	

・
・
・

水面からの位置[mm]	電 圧 [mV]
460	
470	
480	
490	
500	

最大値付近の測定

1 回目の最大値付近

水面からの位置[mm]	電 圧 [mV]

・
・
・

4 回目の最大値付近

水面からの位置[mm]	電 圧 [mV]

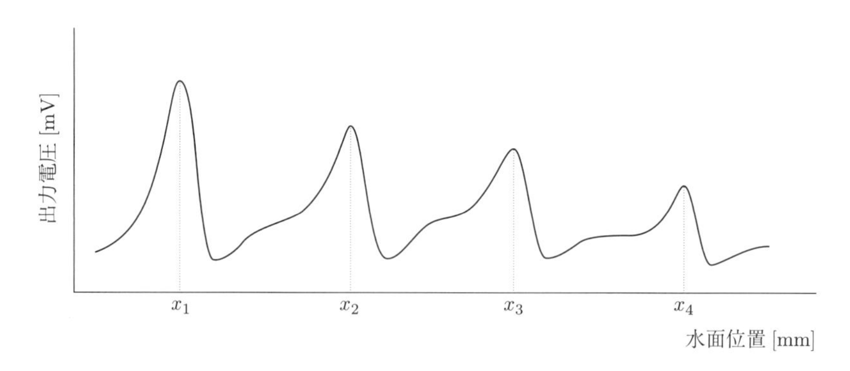

図 14.3　水面位置と出力電圧の関係

(2)【音速を求める】

実験中に測定した音波の振動数 f，求めた波長 λ から，式 (14.2) を用いて音速を計算する．

【レポート課題】

(1)　実験時の気温をもとに式 (14.1) から音速を求め，実験で求めた値と比較しなさい．

(2)　音波の振動数は気温にほとんど影響されない．気温の変化により，音の強さが最大となる水面の位置はどのようになるか検討しなさい．

(3)　実験データの精度を高めるためには，どのような工夫をすれば良いか考えよ．

14.5　補足：音速と比熱比

音波は粗密波であるから，媒質の密度の高低が伝搬するものである．媒質に圧力が加わるとその一部の体積は歪みを受ける．この歪みが伝搬し音波は媒質中を伝わる．この音波が伝わる速さ v は媒質の体積弾性率を k，密度を ρ とすると，

$$v = \sqrt{\frac{k}{\rho}} \tag{14.5}$$

となる．体積 V の物体に圧力変化 Δp が与えられ体積が ΔV 変化したとき，体積変化の割合は，

$$\Delta P = -k\frac{\Delta V}{V} \tag{14.6}$$

と表せる．ここで変形し極限をとると，

$$k = -V\frac{\mathrm{d}p}{\mathrm{d}V} \tag{14.7}$$

となる．ここで，音波を発生させる体積変化の過程は，断熱変化と考えることができるので，

$$pV^{\gamma} = \mathrm{const.} \tag{14.8}$$

となる．ここで γ は**比熱比**と呼ばれる物理量である．式 (14.8) を V で微分すると，

$$\frac{\mathrm{d}p}{\mathrm{d}V}V^{\gamma} + \gamma pV^{\gamma-1} = 0 \tag{14.9}$$

を得る．式 (14.7) を式 (14.9) に代入し整理すると，

$$k = \gamma p \tag{14.10}$$

となる．式 (14.10) を式 (14.5) に代入すると

$$v = \sqrt{\frac{\gamma p}{\rho}} \tag{14.11}$$

を得る．

実験 15

回折格子の格子定数とスペクトル線の波長の測定

15.1 目的

光は電磁波の一種であり，その波としての振る舞いは古典電磁気学で記述することができる．たとえば，2 つの光が重なり合って強めあったり弱めあったりする「干渉」や，障害物の背後に回り込む「回折」などは波に特有の性質である．一方，原子の発光現象を理解するためには，古典電磁気学だけでは十分とはいえず，量子力学という一歩進んだ学問の手を借りなければならない．ここでは，回折と干渉を利用して光を波長ごとに分ける分光法について学ぶとともに，原子の発光がとびとびの波長をもつことを学ぶ．

15.2 原理

等間隔の細隙（スリット：普通 1mm あたり数百本からなる）を並べたものを回折格子といい，細隙間の距離 d を格子定数という（図 15.1）．

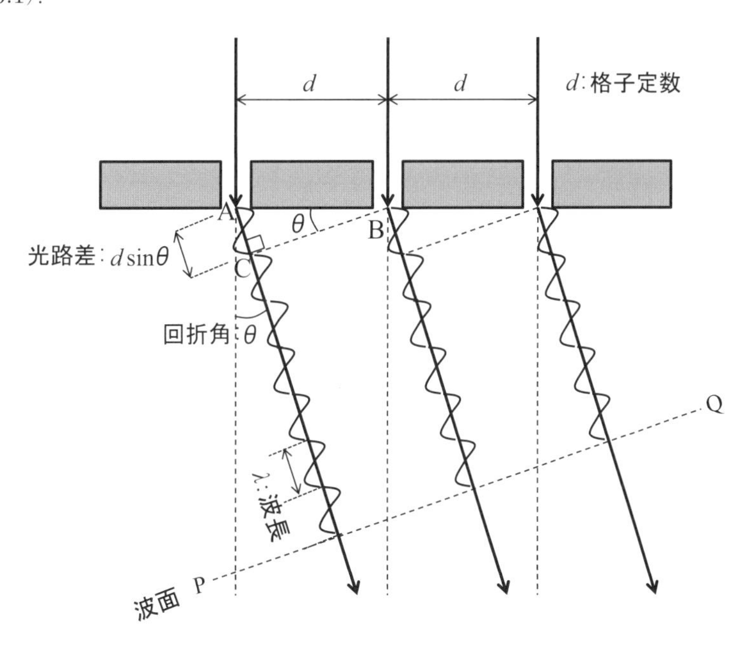

図 15.1　回折格子と光の干渉

平行光線が格子面に垂直に入射する場合，格子の細隙で回折した光のうち θ 方向に進む光線については，もし波面 PQ の位相が同じ（同位相）ならばすべての細隙を通過した光の波が干渉により足し合わされて強め合う．入射光線は平行光線なので A 点と B 点では同位相である．したがって，B 点と C 点で同位相になれば波面 PQ でも同位相になり，θ 方向に強い光が観測される．B 点と C 点が同位相になるためには，光路差 AC が光の波長 λ の整数 (m) 倍になればよい．すなわち，

$$d\sin\theta = m\lambda \tag{15.1}$$

という関係を満たすとき，その方向 (θ) に光が強く観測される．ここで，θ は回折角である．m は回折の次数を表し，

$m = 0, \pm 1, \pm 2 \cdots$, をそれぞれ 0 次，1 次，2 次，$\cdots$ の回折という．$m = 0$ の場合，位相差のない像（平行光線をスリットでしぼってある像）ができる．そして，その左右に $m = \pm 1, \pm 2$ とおおよそ 2 次までの回折像が観察できる（図 15.2 参照）．

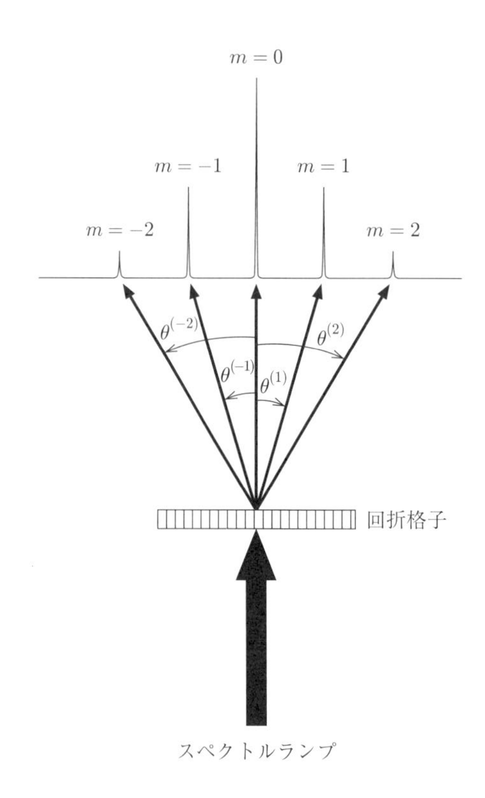

図 15.2　回折像の強度分布

15.3　実験

【実験の概要】

装置は図 15.3 のように，スペクトル光源（ナトリウムまたはカドミウムランプ），分光計，回折格子，デジタルカウンタから構成されている．分光計の各部の名称を図 15.4 に示す．

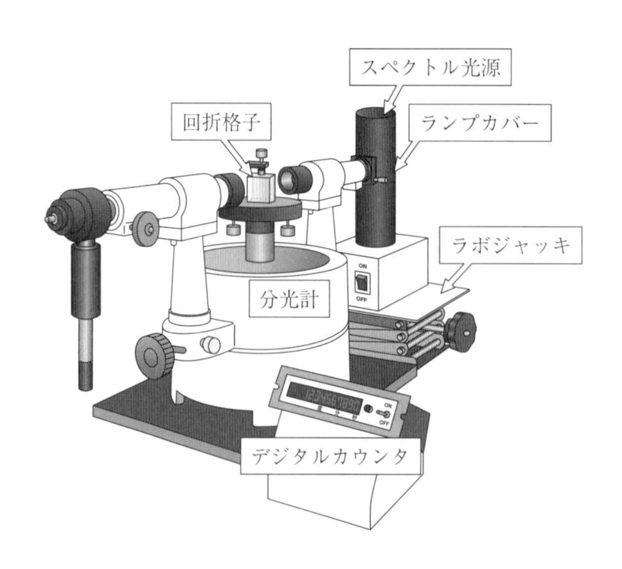

図 15.3　装置図

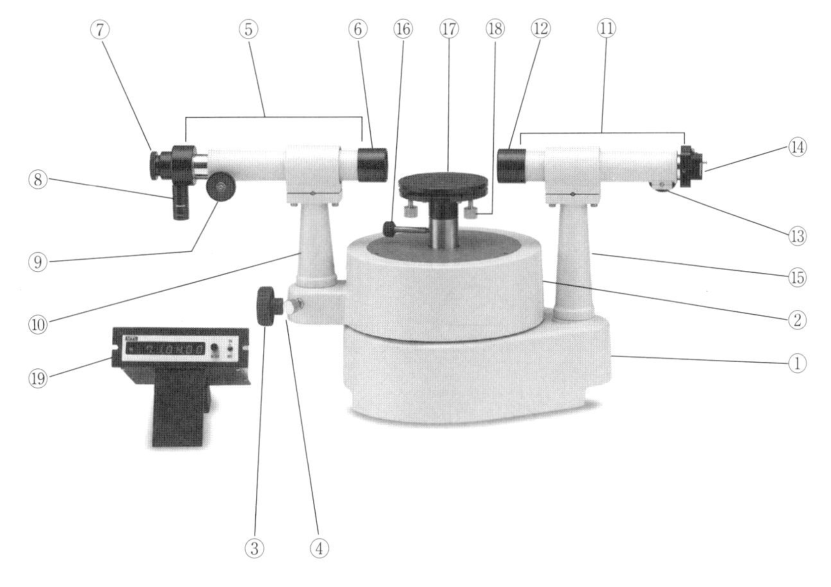

番号	名　称	番号	名　称
1	ベース	11	コリメーター
2	回転腕	12	コリメーターレンズ
3	クランプハンドル	13	ピント調節ハンドル B
4	微調整ハンドル	14	スリット
5	テレメーター	15	コリメーター支柱
6	テレメーターレンズ	16	ステージ固定つまみ
7	接眼レンズ	17	ステージ
8	オートコリメーションレンズ	18	ステージ調節ネジ
9	ピント調節ハンドル A	19	デジタルカウンタ
10	テレメーター支柱		

図 15.4　分光計の各部の名称（株式会社　島津理化　デジタル分光計スペクトロメータ V-30D　取扱説明書より転載）

実験 A　ナトリウムランプによる回折格子の格子定数の測定

Na 原子の二重線（D_1 線と D_2 線）に対し，$m = \pm 1, \pm 2$ の回折角 θ を測定し，式 (15.1) を用いて回折格子の格子定数 d を求める．

実験 B　カドミウム発光スペクトルの波長測定

Cd 原子の発光スペクトル（赤・緑・青緑・青・紫）に対し，$m = \pm 1, \pm 2$ の回折角 θ を測定し，式 (15.1) を用いて発光スペクトルの波長（5 本分）を求める．

【実験準備】

① ランプをラボジャッキの上に載せ，ランプカバーの窓が分光計のスリット（図 15.4-14）に正対するように置く．その後，電源スイッチを入れる．

注意! ランプはガラス真空管なので，落とさないよう両手で慎重に運ぶこと．

スペクトルランプの光が強く安定した放射になるまでには，起動後数分ほどの時間を要する（15.5 補足 を参照のこと）．

② 分光計のピント調節ハンドル（図 15.4-9 と 13）のつまみを回転させ，スペクトルランプからの 0 次像がはっきりと見えるように調整する．

③ 分光計の接眼レンズ（図 15.4-7）の焦点を調節し，中央に X 状（クロス）に張られた細いワイヤーの像がはっきりと見えるように調節する．（クロスワイヤーが見えにくい場合は，オートコリメーション照明（図 15.4-8）

またはLEDペンライトで接眼レンズの周囲を照らすと見やすくなる.）

④　0次像が細い線に見えるよう，分光計のスリット（図15.4-14）を狭める.

注意! スリットは狭め過ぎると壊れるので，像が見えなくなるまで狭めないこと.

⑤　0次像が細くはっきりと見え，X状のワイヤーの線がはっきりと見えるまで，②～⑤の手順を繰り返す.

⑥　ワイヤーのXの交点が0次像の中心にくるようテレメータ（図15.4-5）の角度を微調整ハンドル（図15.4-4）で微調節し，その後，デジタルカウンタ（図15.4-19）のリセットボタンを押す．これで，回折角の原点（0度）が定まる．以降は，ランプや分光計のピント調節ハンドルを動かさないように注意せよ．
ナトリウムランプからカドミウムランプに交換したときは，再度上記の手順を繰り返す必要がある.

【実験A　ナトリウムランプによる回折格子の格子定数の測定】

ナトリウムランプからの橙色の発光スペクトルはD線と呼ばれ，波長がごく接近した2本の線（二重線）である（15.5 補足 参照).

ナトリウム (Na)　D_1 線：波長 $\lambda_1 = 589.592\ \text{nm} = 5.89592 \times 10^{-7}\text{m}$ D_2 線：波長 $\lambda_2 = 588.995\ \text{nm} = 5.88995 \times 10^{-7}\text{m}$

表15.1の格子定数測定例を参考にし，$m = \pm 1$（1次）および ± 2（2次）の像の回折角を測定せよ．なお，1次像，2次像ともに接近した2本の線（二重線）が見えるはずである．2本に分離していない場合には，スリット幅が広すぎるか，ピント調節が不十分の可能性があるので，スリットとピントを再調節せよ.

デジタルカウンタの表示 XXX. YY. ZZ → XXX　°（度）. YY min（分）. ZZ sec（秒） $\rightarrow XXX + \dfrac{YY \times 60 + ZZ}{3600}$　°（度）

【実験B　カドミウム発光スペクトルの波長測定】

①　カドミウムランプに交換し，実験準備の①～⑥を行う.

②　カドミウム (Cd) 原子の発光スペクトルは赤・緑・青緑・青・紫の5本ある．赤と緑は離れているので，同じ次数でもテレメータレンズを少し回転させないと見えない．また，紫は部屋をかなり暗くしないと見にくいので，LEDペンライト以外のライトはすべて消して実験する．これらの5本のスペクトル線に対し，表15.2を参考にしながら $m = \pm 1, \pm 2$ の回折角 θ を測定せよ.

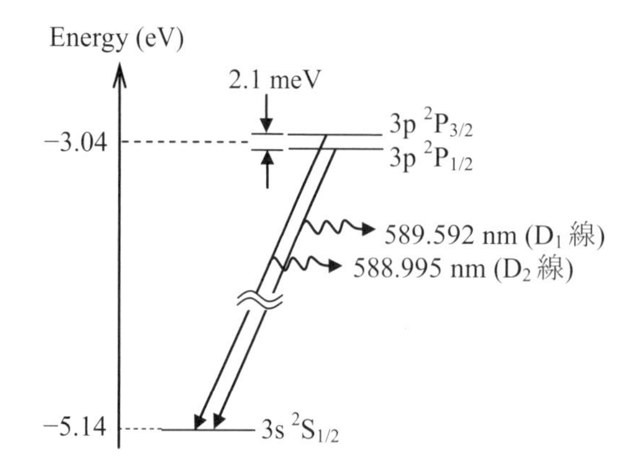

図15.5　Na原子のエネルギー準位と光放射の機構

表 15.1　【実験 A】ナトリウムランプによる回折格子の格子定数の測定結果

		D_1 線 ($\lambda_1 = 589.592$ nm) $i = 1$	D_2 線 ($\lambda_2 = 588.995$ nm) $i = 2$
$m = 1$	カウンタ表示		
	$\theta_i^{(1)}$（°）		
$m = -1$	カウンタ表示		
	$\theta_i^{(-1)}$（°）		
$(\theta_i^{(1)} + \theta_i^{(-1)}) / 2$（°）			
$d_i^{(1)}$			
$m = 2$	カウンタ表示		
	$\theta_i^{(2)}$（°）		
$m = -2$	カウンタ表示		
	$\theta_i^{(-2)}$（°）		
$(\theta_i^{(2)} + \theta_i^{(-2)}) / 2$（°）			
$d_i^{(2)}$			
$\bar{d} = \dfrac{d_1^{(1)} + d_2^{(1)} + d_1^{(2)} + d_2^{(2)}}{4}$ 有効数字 6 桁（単位：nm）			

表15.2　【実験B】カドミウム発光スペクトルの波長測定結果

<table>
<tr><th colspan="2"></th><th>赤
$X=R$</th><th>緑
$X=G$</th><th>青緑
$X=BG$</th><th>青
$X=B$</th><th>紫
$X=P$</th></tr>
<tr><td rowspan="2">$m=1$</td><td>カウンタ表示</td><td></td><td></td><td></td><td></td><td></td></tr>
<tr><td>$\theta_X^{(1)}$（°）</td><td></td><td></td><td></td><td></td><td></td></tr>
<tr><td rowspan="2">$m=-1$</td><td>カウンタ表示</td><td></td><td></td><td></td><td></td><td></td></tr>
<tr><td>$\theta_X^{(-1)}$（°）</td><td></td><td></td><td></td><td></td><td></td></tr>
<tr><td colspan="2">$(\theta_X^{(1)}+\theta_X^{(-1)})/2$（°）</td><td></td><td></td><td></td><td></td><td></td></tr>
<tr><td colspan="2">$\lambda_X^{(1)}$</td><td></td><td></td><td></td><td></td><td></td></tr>
<tr><td rowspan="2">$m=2$</td><td>カウンタ表示</td><td></td><td></td><td></td><td></td><td></td></tr>
<tr><td>$\theta_X^{(2)}$（°）</td><td></td><td></td><td></td><td></td><td></td></tr>
<tr><td rowspan="2">$m=-2$</td><td>カウンタ表示</td><td></td><td></td><td></td><td></td><td></td></tr>
<tr><td>$\theta_X^{(-2)}$（°）</td><td></td><td></td><td></td><td></td><td></td></tr>
<tr><td colspan="2">$(\theta_X^{(2)}+\theta_X^{(-2)})/2$（°）</td><td></td><td></td><td></td><td></td><td></td></tr>
<tr><td colspan="2">$\lambda_X^{(2)}$</td><td></td><td></td><td></td><td></td><td></td></tr>
<tr><td colspan="2">$\overline{\lambda}_X=\dfrac{\lambda_X^{(1)}+\lambda_X^{(2)}}{2}$
有効数字6桁
（単位：nm）</td><td></td><td></td><td></td><td></td><td></td></tr>
<tr><td colspan="2">測定値 − 標準値
（単位：nm）</td><td></td><td></td><td></td><td></td><td></td></tr>
<tr><td colspan="2">相対誤差
$\dfrac{|\text{測定値}-\text{標準値}|}{\text{標準値}}$</td><td></td><td></td><td></td><td></td><td></td></tr>
</table>

15.4 実験結果の整理と課題

【実験結果の整理】

(1) 式 (15.1) を用いて回折格子の格子定数 d （平均値）を有効数字 6 桁で求めよ．

(2) 式 (15.1) を用いてカドミウム (Cd) 原子の発光スペクトルの波長（それぞれの色に対して平均値 1 つ）を有効数字 6 桁で求めよ．

(3) **付録 B.7** の Cd のスペクトル線波長（標準値）と比較し，その差（測定値 − 標準値）の値および相対誤差を表 15.2 に記入せよ．

【レポート課題】

(1) 測定した回折格子は，1mm あたり何本の格子が引かれているか計算せよ．

(2) 光は電磁波なので，回折を起こす．一般に，回折は障害物の大きさが波の波長と同程度以下のときに起こりやすい．逆にいえば，波がその波長より大きな障害物に当たると，回折よりも反射が起こりやすい．携帯電話の電波の周波数はおよそ 1GHz ($= 1.0 \times 10^9$Hz) 程度であり，AM ラジオ電波の周波数（およそ 1MHz $= 1.0 \times 10^6$Hz）に比べて 1000 倍近く高い．携帯電話とラジオの電波の波長を式 (15.2) により計算し，ラジオに比べて携帯電話の中継基地局が多数必要である理由を考えよ．

$$c = \lambda\nu \tag{15.2}$$

ここで，c は光速を表し，$c = 3.0 \times 10^8$m/s，λ は光（電磁波）の波長 (m)，ν はその周波数 (Hz) である．

15.5 補足：スペクトルランプについて

量子論によると，原子内に束縛されている電子のエネルギーはある一定の離散的な値しかとり得ない．このために，何らかの原因で（たとえば加熱によって）電子がより高いエネルギーの状態に移り，次にその状態からより低い（安定な）エネルギーの状態に落ち込むとき，それらのエネルギー差に等しいエネルギーをもつ光（電磁波）を放射する．そして，このエネルギー E はその光の振動数 ν に比例する（$E = h\nu$，h はプランク定数）．したがって，ある元素を加熱して，その光を観測すれば，特定の振動数からなるスペクトルが得られるはずである．

Na 原子は図 15.5 に示されるようなエネルギー準位をもっている．Na 原子を加熱すると，最も外側の電子（3s 電子）はより高い準位（3p 準位）に引き上げられ（これを励起という），低い準位（3s 準位）に落ち込むことによってスペクトル発光を生じる．高い準位 (3p) はわずかに 2 つの準位に分裂しているため，Na の D 線はわずかに波長の異なる 2 本のスペクトル（D_1 線と D_2 線）を発する．

スペクトルランプは，熱陰極（カソード）から放出される熱電子を加速し，これをガラス管内に封じ込めたナトリウム (Na) やカドミウム (Cd) などの金属固体とアルゴン (Ar) やネオン (Ne) などの希ガス気体に衝突させることにより，金属固体原子からの発光を取り出す装置である．電源投入直後は電子と希ガス気体との衝突が優勢に起こるため，ナトリウムやカドミウムなどの発光はほとんど観測されない．しばらく時間がたつと，電子と希ガス気体との衝突によりランプ内の温度が上昇するため，ナトリウム金属やカドミウム金属が蒸発し，これが電子との衝突により発光するようになる．温度の上昇に伴い金属蒸気の蒸気圧がさらに高まり，最終的には Na や Cd からの発光が優勢になる．

実験 16

プランク定数の測定

16.1 目的

物質は電子，原子，分子でできており，これらのミクロな物体は粒子としての振る舞い（粒子性）と同時に波としての振る舞い（波動性）を示す．このような粒子性と波動性を併せもつミクロな物体を量子 (quantum) と呼び，その振る舞いは量子力学 (quantum mechanics) という 20 世紀に花開いた学問により記述できる．プランク定数 h は量子力学の領域を特徴づける普遍的な基礎定数の一つである．「運動量 × 座標」，あるいは，「エネルギー × 時間」の次元をもち，不確定性原理 (uncertainty principle) の中に現れて，それらの物理量の古典力学的な限界を示す．本実験では，アインシュタインの光量子仮説を実験的に検証したミリカンの方法を用いて，量子の性質を表す普遍的物理量であるプランク定数を測定し，量子力学の基本原理について学ぶことを目的とする．

16.2 原理

金属の表面に光を当てると電子が飛び出す現象は光電効果と呼ばれ，飛び出した電子を光電子 (photoelectron) という．光電効果は次のような特徴をもっていることが実験的にわかっていた．

A) ある金属表面に対して，光電効果が起こりうる最小の光の振動数 ν_0 が存在し，それより振動数の小さい光をどんなに強く長時間照射しようとも，光電効果は起こらない．

B) 光電子の運動エネルギーは，照射する光の振動数 ν ($\geq \nu_0$) に比例し，光の強さには無関係である．

これに対し，アインシュタイン (A. Einstein) は 1905 年に光の粒子説（光量子仮説）を発表し，従来の実験結果を見事に説明する理論を打ち立てた．それによれば，光は 1 つひとつが $h\nu$ のエネルギーをもつ粒子（光子）であり，1 個の光子が金属表面で，そのエネルギーを金属内の自由電子に与えるために生じるのが光電効果である．すなわち，入射光のエネルギー $h\nu$ は，光電子の運動エネルギー E_K と光電子が金属表面の障壁を乗り越えるために要した仕事（仕事関数）W の和である (図 16.1 参照)．

$$h\nu = E_\mathrm{K} + W \tag{16.1}$$

ミリカン (R. A. Millikan) は，式 (16.1) を検証するため，金属表面と光電流コレクタとの間に電圧を印加し，光電流が流れなくなる電圧（阻止電圧）V_0 を測定した（図 16.2）．

このとき，光電子の運動エネルギー E_K と阻止電圧 V_0 とは次の関係がある．

$$E_\mathrm{K} = eV_0 \tag{16.2}$$

式 (16.2) を式 (16.1) に代入することにより，

$$V_0 = \frac{h}{e}\nu - \frac{W}{e} \tag{16.3}$$

となるので，阻止電圧 V_0 [V] と光の振動数 ν ($= c/\lambda$) [Hz] との関係（図 16.3）を測定することにより，その傾きからプランク定数 h を求めることが

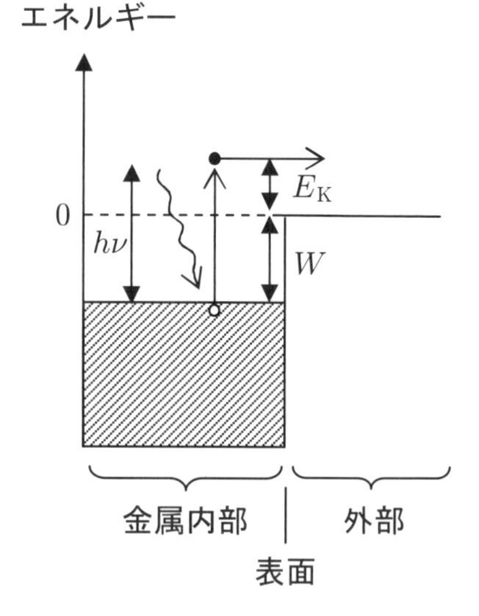

図 16.1　光電効果の概念図

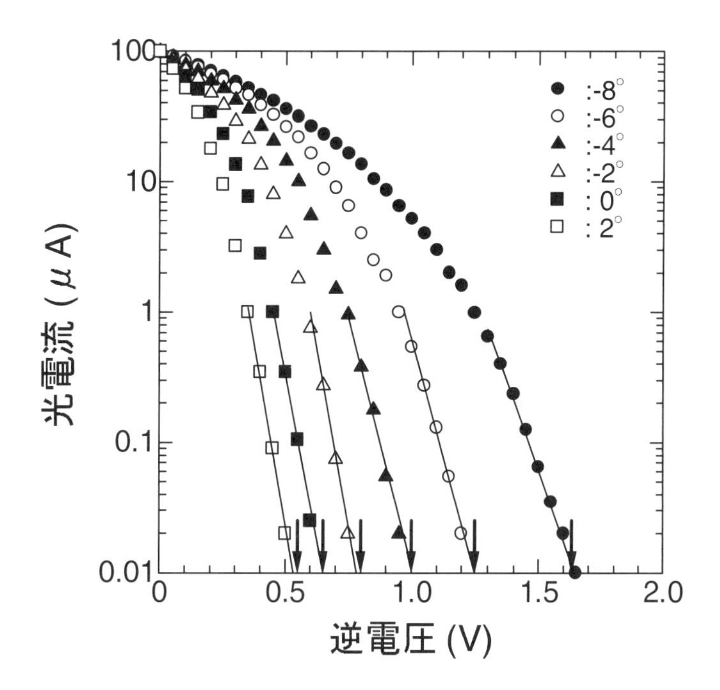

図 **16.2**　光電流と逆電圧の関係（片対数グラフ）矢印で示された逆電圧が阻止電圧 V_o[**V**] である．

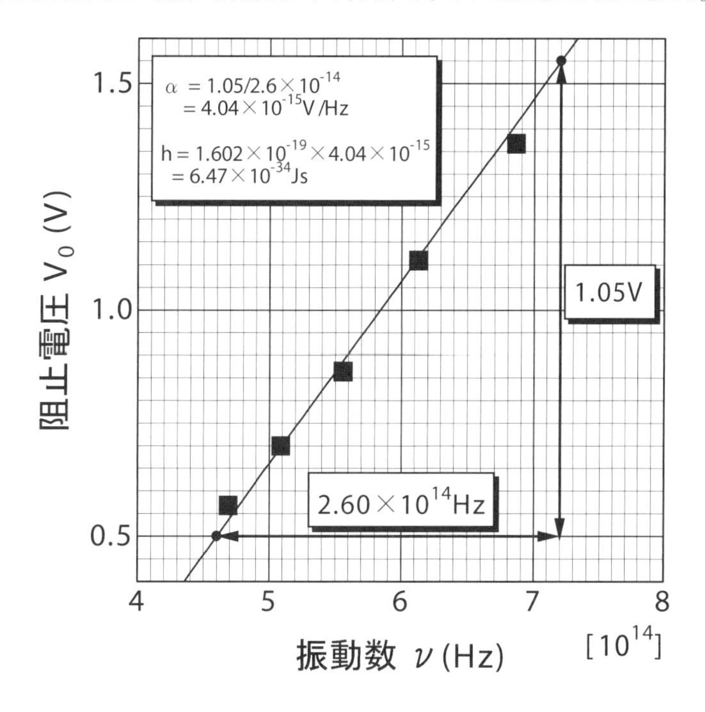

図 **16.3**　阻止電圧と振動数の関係

できる．なお，入射光の振動数と波長とは次の反比例関係がある．

$$c = \lambda\nu \tag{16.4}$$

ここで，c は光速で，$c = 2.9979 \times 10^8$ m/s である．

16.3　実験

【実験の概要】

実験装置の概略図を図 16.4 に示す．光源（ハロゲンランプ）から放出される連続光はグレーティング（回折格子）で反射されるが，このとき波長によって異なる角度に反射する．そのため，出口スリットを通過して光電管に入る光

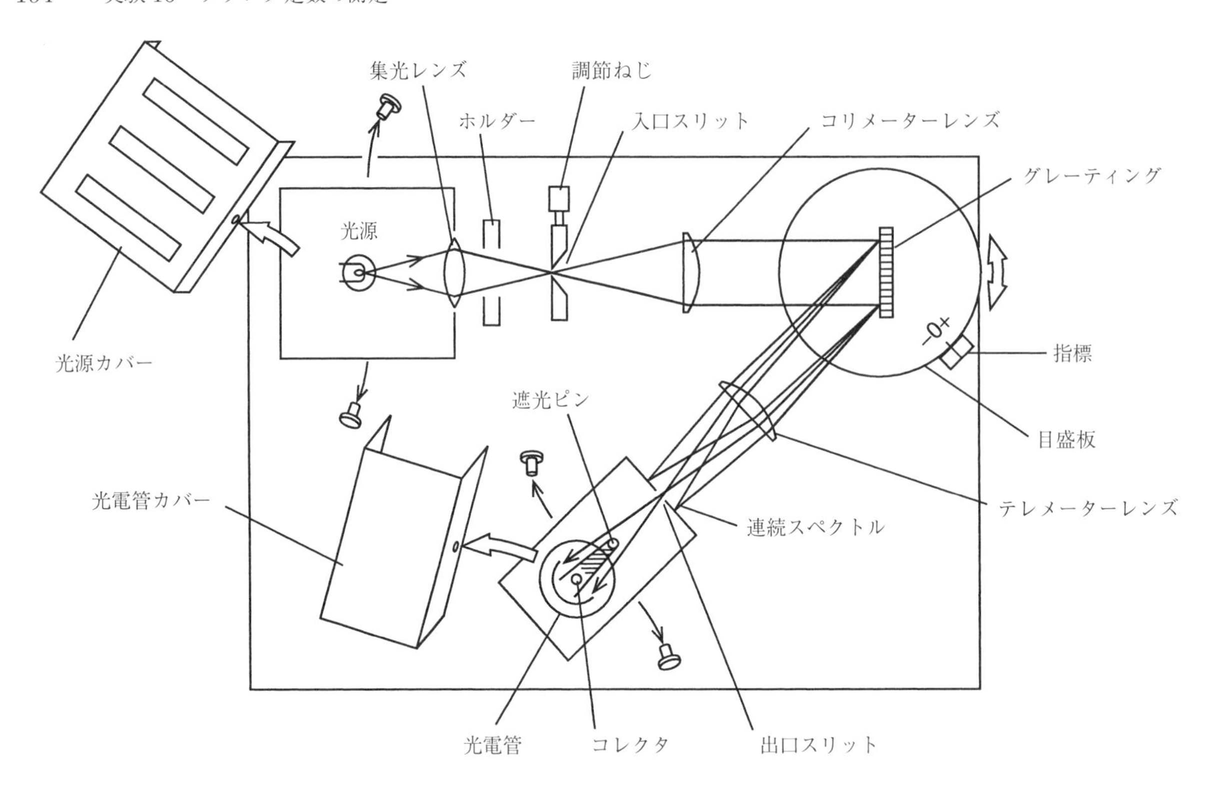

図 16.4　ミリカンのプランク定数測定装置の概略図（株式会社　島津理化　プランク定数測定器 **HA-30**　取扱説明書より転載）

は，グレーティングの回転角によって決まる特定の波長の光に限られる．一方，光電管は図 16.5 のような構造をした真空管である．光電面は金属製の固体表面からなり，ここに光が入射すると光電効果によって光電子が放出される．通常はコレクタには正の電圧を印加して，光電面から放出された光電子を収集するが，プランク定数の測定では負の電圧（逆電圧 V）を印加し，光電子にとっての電位障壁 eV を作る．この電位障壁を超える運動エネルギーをもつ電子だけがコレクタに到達し，回路に微弱電流（光電流）が流れるので，この光電流をマイクロアンペア計で測定する．光電流がほぼゼロになる逆電圧が阻止電圧 V_0 である．

グレーティングの角度を $-8°, -6°, -4°, -2°, 0°, +2°$ の 6 種類の角度に設定し，それぞれの角度において光電流と逆電圧の関係（図 16.2）を測定し，阻止電圧を決定する．

【実験準備】

① 分光器カバーは外さずに，マイクロアンペア計と直流電圧計を図 16.6 のように配線する．直流電圧計は白の端子がマイナス，黒の端子がプラスになるよう配線する．

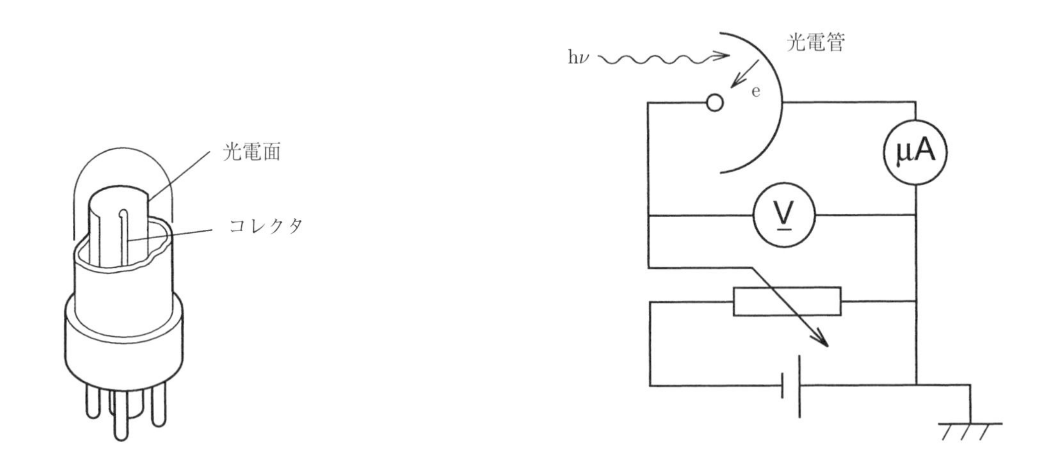

図 16.5　光電管の原理図（株式会社　島津理化　プランク定数測定器 **HA-30**　取扱説明書より転載）

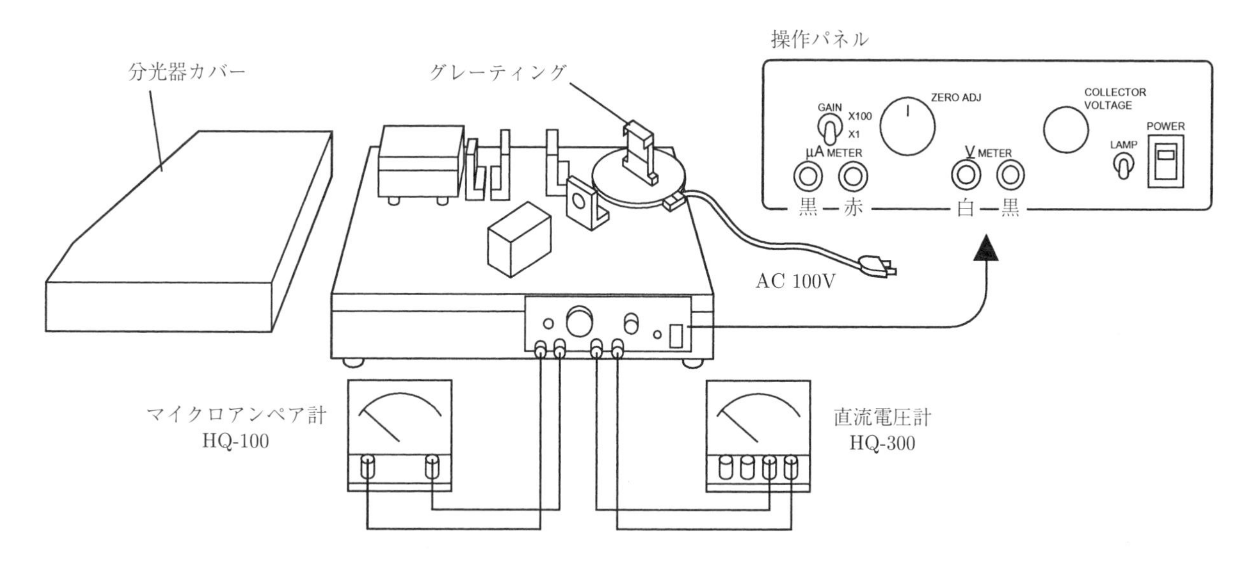

図 16.6　プランク定数測定装置（株式会社　島津理化　プランク定数測定器 HA-30　取扱説明書より転載）

② POWER スイッチを OFF にしたまま，LAMP スイッチを ON にする．

③ 分光器カバーをゆっくりと真上に持ち上げるようにして外し，図 16.4 を見ながら各部品の名前と機能を確認する．

注意　グレーティング（回折格子）は絶対に手で触れないこと．

手の脂が表面に付着すると測定不能に陥る恐れがある．

④ <入口スリットの調整>　入口スリットの間隔を約 0.5mm に設定する．入口スリットの設定の仕方は図 16.7 を参照のこと．

⑤ <分光器の動作確認>　目盛り板の数値 0° を標線に合わせる．光電管カバーの前面のスリット部分に連続スペクトルが見えることを確認する．標線に合わせる数値を表 16.1 の値に設定すると，対応する波長（または振動数）の単色光が光電管に入射する．0° の位置では 589nm の黄色の光が光電管に入射するので，それを確認する．

⑥ 分光器カバーの 3 か所の突起を本体の穴に合わせて置く．

注意　外部からの光が光電管に入射しないよう，実験室をなるべく暗くする．

スリットの調整つまみの使い方
スリットの開き加減は，スリットの光軸後方に紙片をかざし，光源を点灯させて透過光を見るとわかりやすい．
1. 調整つまみは上から見て時計回りが「開」方向である．
2. つまみがやや重くなるとスリットが開き始め，1 回転で 0.5mm 開く．つまみのマークの角度で開き加減を調節できる．
3. 時計回りで行き止まったところがスリット幅約 1mm であり，それ以上は開かない．

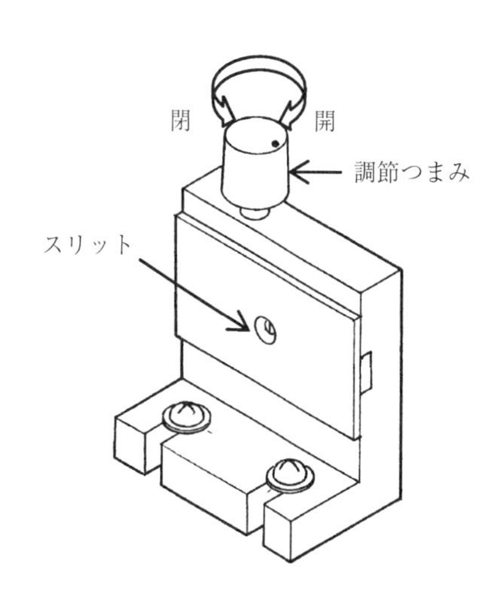

図 16.7　入口スリットの調節（株式会社　島津理化　プランク定数測定器 HA-30　取扱説明書より転載）

表 16.1　グレーティング（回折格子）の角度と波長および振動数との関係

角度 (°)	波長 (nm)	振動数 (10^{14}Hz)	色
−9	359	8.34	紫外
−8	386	7.78	紫外
−7	411	7.29	紫
−6	437	6.86	青
−5	463	6.47	青
−4	489	6.14	青
−3	514	5.83	緑
−2	539	5.56	緑
−1	564	5.31	黄
0	589	5.09	黄
1	614	4.88	橙
2	639	4.70	赤

⑦ いったん LAMP スイッチを OFF にしてから，POWER を ON にする．回路が安定するまでに最低 10 分は待つ必要がある．

⑧ COLLECTOR VOLTAGE つまみを回し，左一杯で直流電圧計の指示値が 0 V，右一杯に回した状態で 3V 以上の電圧が出ることを確認する．

【光電流の逆電圧依存性の測定】

① LAMP スイッチを OFF にする．

② 表 16.1 により，グレーティングの目盛り板を正確に −8° に設定する．これにより，386nm（紫外）の光が光電管に入射する．

③ COLLECTOR VOLTAGE つまみを右に回し，3V 以上の逆電圧を光電管に印加する．

④ LAMP スイッチを ON にする．

⑤ 入口スリットをよく注意しながら全閉状態にする．さらに，分光器カバーの入射丸窓を遮蔽板でふさぐ．

⑥ GAIN を 1 倍（× 1）にし，直流増幅器バランス用の ZERO ADJ つまみを回してゼロ調節する．

⑦ GAIN を 100 倍（× 100）にし，再度ゼロ調節した後，GAIN を 1 倍（× 1）に戻す．

⑧ COLLECTOR VOLTAGE つまみを左一杯に回し切って，逆電圧を 0V にする．

⑨ 遮光板を外し，入口スリットを徐々に開けていき，マイクロアンペア計が 100μA を指すように設定する．

⑩ 逆電圧を 3V に戻し，マイクロアンペア計がほぼ 0μA になることを確認する．

⑪ GAIN × 1 で ZERO ADJ つまみを回してゼロ調節し，その後 GAIN × 100 で再度ゼロ調節する．（この調節の善し悪しが測定結果に大きく影響するので慎重に行うこと．）

⑫ 表 16.2 のように，逆電圧を 3V から徐々に小さくしたときのマイクロアンペア計の値を記録する．GAIN × 1 の場合，フルスケールで 100μA．GAIN × 100 の場合，フルスケールで 1μA．

⑬ 測定が終わったら GAIN × 1 に戻す．

⑭ ③から⑬までの操作を目盛り板で 2° ごと，すなわち，−6°(437nm)，−4°(489nm)，−2°(539nm)，0°(589nm)，2°(639nm) のそれぞれについて繰り返し，光電流の逆電圧依存性（表 16.2）を完成させる．なお，−2°(539nm)，0°(589nm)，+2°(639nm) の測定では，光源手前のホルダーに色ガラスフィルターを挿入して測定する．これにより散乱光の影響を取り除き，長波長での測定精度を高めることができる．

表 16.2 光電流の逆電圧依存性測定結果（光電流の単位：μA）

角度（°） 逆電圧（V）	−8 [386nm]	−6 [437nm]	−4 [489nm]	−2 [539nm]	0 [589nm]	2 [639nm]
3.00	0	0	0	0	0	0
2.50	0	0	0	0	0	0
2.00	0	0	0	0	0	0
1.70	0.005	0	0	0	0	0
1.65	0.01	0	0	0	0	0
1.60	0.02	0	0	0	0	0
1.55	0.035	0	0	0	0	0
1.50	0.065	0	0	0	0	0
1.45	0.125	0	0	0	0	0
1.40	0.235	0	0	0	0	0
1.35	0.40	0.001	0	0	0	0
1.30	0.65	0.002	0	0	0	0
1.25	0.99	0.006	0	0	0	0
1.20	1.60	0.02	0	0	0	0
1.15	2.00	0.055	0	0	0	0
1.10	3.00	0.13	0.001	0	0	0
1.05	4.00	0.272	0.002	0	0	0
1.00	5.20	0.542	0.005	0	0	0
0.95	6.50	1.00	0.02	0	0	0
0.90	8.60	1.90	0.055	0	0	0
0.85	10.5	2.50	0.178	0.001	0	0
0.80	13.6	4.00	0.38	0.002	0	0
0.75	16.5	6.50	0.955	0.02	0	0
0.70	19.5	9.00	1.50	0.075	0	0
0.65	23.0	12.5	3.00	0.273	0.002	0
0.60	26.5	16.5	5.50	0.755	0.025	0
0.55	31.5	21.8	10.0	1.80	0.105	0.001
0.50	35.8	26.2	14.5	4.00	0.345	0.02
0.45	41.5	32.5	20.5	8.00	1.00	0.09
0.40	46.1	38.5	26.5	13.5	2.80	0.345
0.35	52.2	46.2	36.0	21.2	7.70	1.00
0.30	58.0	51.8	42.2	29.0	13.5	3.20
0.25	64.2	60.5	51.7	38.5	23.2	9.50
0.20	70.5	67.0	59.5	48.0	34.0	17.8
0.15	78.0	75.8	70.5	62.0	50.5	33.7
0.10	84.1	83.5	79.0	72.5	64.2	51.5
0.05	91.5	91.5	89.7	85.5	82.0	73.0
0.00	98.5	99.5	99.0	99.5	100	100

16.4　実験結果の整理と課題

【実験結果の整理】

(1) 光電流と逆電圧の関係を図16.2のような片対数グラフにプロットし，光電流が0.01 μA になる逆電圧を近似的な直線の交点から読み取る．この値を阻止電圧 V_0 (V) とする．それぞれの単色光の振動数 ν (10^{14}Hz) を横軸に，阻止電圧 V_0 (V) を縦軸にとったグラフ（図16.3）を描け．

(2) 阻止電圧と振動数の関係のグラフの傾き α (V/Hz) の値から，プランク定数 h (J·s) を求めよ（式(16.3)より，$V_0 - \nu$ グラフの傾き α は h/e である）．

$$h = e \times \alpha = 1.602 \times 10^{-19} \times \alpha \tag{16.5}$$

【レポート課題】

(1) 振動数 ν (Hz) の光子 (photon) のエネルギー E (J) は次式で与えられる．

$$E = h\nu \tag{16.6}$$

式(16.4)と式(16.6)を用いて，光子のエネルギー E (J) を波長 λ (m)，光速 c (m/s)，プランク定数 h (J·s) を用いて表せ．さらに，その式を用いて，波長400nmの青色の光子と650nmの赤色の光子のエネルギーをeV単位で求めよ．ただし，1 nm $= 1 \times 10^{-9}$ m，1 eV $= 1.602 \times 10^{-19}$ J である．

(2) 相対論的効果を無視すると，質量 m (kg)，エネルギー E (J) の粒子の波長 λ (m) は，次のド・ブロイの物質波の式で表される．

$$\lambda = \frac{h}{\sqrt{2mE}} \tag{16.7}$$

(1) で求めた青色と赤色のエネルギーと同じエネルギーをもつ電子の波長はいくらか？　ただし，電子の質量は $m = 9.109 \times 10^{-31}$ kg である．

第 III 部

付録

付録 A

国際単位系 (SI)

質量，長さ，時間は物理量における基本的量である．それらの単位は基本単位であるが，MKSA 単位系ではメートル・キログラム・秒のほかに第 4 の基本単位として**電流の強さ**の単位のアンペアが加えられている．国際単位系ではさらに 3 種類の基本単位として**温度**の単位のケルビンと**光度**の単位のカンデラと**物質量**の単位のモルが加えられている．

18 世紀の終わりごろから普及している CGS 単位系ではセンチメートル・グラム・秒を基本単位としている．

実用に適する単位系として「国際単位系」(記号 SI) が，メートル条約により国際的に承認されている．日本でも，SI は法律や JIS（日本工業規格）をはじめとして各方面で採用されている（JIS Z-8203 参照).

A.1 基本量・基本単位・記号とその定義 [1]

量	SI 単位
時間	秒 (記号は s) は，時間の SI 単位であり，セシウム周波数 $\Delta\nu_{\mathrm{Cs}}$，すなわち，セシウム 133 原子の摂動を受けない基底状態の超微細構造遷移周波数を単位 Hz (s^{-1} に等しい) で表したときに，その数値を 9 192 631 770 と定めることによって定義される．
長さ	メートル (記号は m) は長さの SI 単位であり，真空中の光の速さ c を単位 $\mathrm{m\ s}^{-1}$ で表したときに，その数値を 299 792 458 と定めることによって定義される．ここで，秒は $\Delta\nu_{\mathrm{Cs}}$ によって定義される．
質量	キログラム (記号は kg) は質量の SI 単位であり，プランク定数 h を単位 J s ($\mathrm{kg\ m^2\ s^{-1}}$ に等しい) で表したときに，その数値を $6.626\ 070\ 15 \times 10^{-34}$ と定めることによって定義される．ここで，メートルおよび秒は c および $\Delta\nu_{\mathrm{Cs}}$ に関連して定義される．
電流	アンペア (記号は A) は，電流の SI 単位であり，電気素量 e を単位 C (A s に等しい) で表したときに，その数値を $1.602\ 176\ 634 \times 10^{-19}$ と定めることによって定義される．ここで，秒は $\Delta\nu_{\mathrm{Cs}}$ によって定義される．
熱力学温度	ケルビン (記号は K) は，熱力学温度の SI 単位であり，ボルツマン定数 k を単位 $\mathrm{J\ K^{-1}}$ ($\mathrm{kg\ m^2\ s^{-2}\ K^{-1}}$ に等しい) で表したときに，その数値を $1.380\ 649 \times 10^{-23}$ と定めることによって定義される．ここで，キログラム，メートルおよび秒は h，c および $\Delta\nu_{\mathrm{Cs}}$ に関連して定義される．
物質量	モル (記号は mol) は，物質量の SI 単位であり，1 モルには，厳密に $6.022\ 140\ 76 \times 10^{23}$ の要素粒子が含まれる．この数は，アボガドロ定数 N_{A} を単位 mol^{-1} で表したときの数値であり，アボガドロ数と呼ばれる．系の物質量 (記号は n) は，特定された要素粒子の数の尺度である．要素粒子は，原子，分子，イオン，電子，その他の粒子，あるいは，粒子の集合体のいずれであってもよい．
光度	カンデラ (記号は cd) は，所定の方向における光度の SI 単位であり，周波数 540×10^{12} Hz の単色放射の視感効果度 K_{cd} を単位 $\mathrm{lm\ W^{-1}}$ ($\mathrm{cd\ sr\ W^{-1}}$ あるいは $\mathrm{cd\ sr\ kg^{-1}\ m^{-2}\ s^3}$ に等しい) で表したときに，その数値を 683 と定めることによって定義される．ここで，キログラム，メートルおよび秒は h，c および $\Delta\nu_{\mathrm{Cs}}$ に関連して定義される．

[1] 参考資料 https://unit.aist.go.jp/nmij/public/report/SI_9th/pdf/SI_9th_日本語版要約_r.pdf

A.2　力学，光学，熱学，放射線の単位

量	単位の名称	単位記号	組立	備考
面積	平方メートル	m^2		
体積	立方メートル	m^3		1 リットル $= \mathrm{dm}^3$ (1964)
周波数	ヘルツ	Hz	s^{-1}	
密度	キログラム毎立方メートル	$\mathrm{kg/m^3}$		
速さ	メートル毎秒	m/s		
加速度	メートル毎秒毎秒	$\mathrm{m/s^2}$		
角速度	ラジアン毎秒	rad/s		
角加速度	ラジアン毎秒毎秒	$\mathrm{rad/s^2}$		
力	ニュートン	N	$\mathrm{kg \cdot m/s^2}$	$ma = F$
圧力	パスカル	Pa	$\mathrm{N/m^2}$	
動粘度	平方メートル毎秒	$\mathrm{m^2/s}$		η/ρ (ρ: 密度)
粘度	パスカル秒	$\mathrm{Pa \cdot s}$	$\mathrm{N \cdot s/m^2}$	$f = \eta \dfrac{\mathrm{d}v}{\mathrm{d}z}$(単位面積あたり)
エネルギー・仕事・熱量	ジュール	J	$\mathrm{N \cdot m}$	力のモーメントの単位も $\mathrm{N \cdot m}$
工率	ワット	W	J/s	
光束	ルーメン	lm	cd·sr	$J = \dfrac{\mathrm{d}\Phi}{\mathrm{d}\omega}$
輝度	カンデラ毎平方メートル	$\mathrm{cd/m^2}$		$\mathrm{d}^2\Phi = L \cos\theta \, \mathrm{d}S \, \mathrm{d}\omega$
照度	ルクス	lx	$\mathrm{lm/m^2}$	$E = \dfrac{\mathrm{d}\Phi}{\mathrm{d}S}$
波数	毎メートル	m^{-1}		$\sigma = \tilde{\nu} = \dfrac{\nu}{c} = \dfrac{1}{\lambda}$
エントロピー	ジュール毎ケルビン	J/K		$S_A = \displaystyle\int_{A_0}^{A} \dfrac{\mathrm{d}'Q}{T}$
質量比熱	ジュール毎キログラム毎ケルビン	J/(kg K)		$C = \dfrac{1}{m} \dfrac{\mathrm{d}'Q}{\mathrm{d}T}$
熱伝導度	ワット毎メートル毎ケルビン	W/(m·K)		$Q = -k \dfrac{\theta' - \theta}{l} St$
放射の強さ	ワット毎ステラジアン	W/sr		
放射能	ベクレル	Bq	s^{-1}	キュリー Ci $\mathrm{Ci} = 3.7 \times 10^{10}\mathrm{Bq}$
吸収線量	グレイ	Gy	J/kg	ラド $\mathrm{rad} = 10^{-2}\mathrm{Gy}$

A.3　電磁気の単位と換算表

量	表示記号	MKSA 有理化絶対単位系 (E-B 対応系)		CGS 非有理化絶対単位系 ($c \fallingdotseq 3 \times 10^{10}$)		
		単位の名称	単位記号	電磁単位	ガウス単位	静電単位
				CGS emu		CGS esu
電荷	Q	クーロン (coulomb)	C	$= 10^{-1}$	$= c \times 10^{-1}$	$= c \times 10^{-1}$
電流	I	アンペア (ampere)	A	$= 10^{-1}$	$= c \times 10^{-1}$	$= c \times 10^{-1}$
電位差 起電力	V	ボルト (volt)	V	$= 10^{8}$	$= c^{-1} \times 10^{8}$	$= c^{-1} \times 10^{8}$
電気分極	P	クーロン毎平方メートル	$\mathrm{C/m^2}$	$= 10^{-5}$	$= c \times 10^{-5}$	$= c \times 10^{-5}$
電束密度	D	クーロン毎平方メートル	$\mathrm{C/m^2}$	$= 4\pi \times 10^{-5}$	$= 4\pi c \times 10^{-5}$	$= 4\pi c \times 10^{-5}$
電場の強さ	E	ボルト毎メートル	V/m	$= 10^{6}$	$= c^{-1} \times 10^{6}$	$= c^{-1} \times 10^{6}$
電気抵抗	R	オーム (ohm)	Ω	$= 10^{9}$	$= c^{-2} \times 10^{9}$	$= c^{-2} \times 10^{9}$
電気容量	C	ファラッド (farad)	F	$= 10^{-9}$	$= c^{2} \times 10^{-9}$	$= c^{2} \times 10^{-9}$
電気誘導容量	ε	ファラッド毎メートル	F/m	$= 4\pi \times 10^{-11}$	$= 4\pi c^{2} \times 10^{-11}$	$= 4\pi c^{2} \times 10^{-11}$
磁束	Φ	ウェーバ (weber)	Wb	$= 10^{8}$ (マクスウェル)	$= 10^{8}$ (マクスウェル)	$= c^{-1} \times 10^{8}$
起磁力	F_m	アンペア回数	$\mathrm{A(A_t)}$	$= 4\pi \times 10^{-1}$ (ギルバート)	$= 4\pi \times 10^{-1}$ (ギルバート)	$= 4\pi c \times 10^{-1}$
磁場の強さ	H	アンペア回数毎メートル	A/m $\mathrm{(A_t/m)}$	$= 4\pi \times 10^{-3}$ (エールステッド)	$= 4\pi \times 10^{-3}$ (エールステッド)	$= 4\pi c \times 10^{-3}$
磁化	M	アンペア回数毎メートル	A/m $\mathrm{(A_t/m)}$	$= 4\pi \times 10^{-3}$	$= 4\pi \times 10^{-3}$	$= 4\pi c \times 10^{-3}$
磁束密度 (磁気誘導)	B	テスラ (tesla) (ウェーバ毎平方メートル)	T $\mathrm{(Wb/m^2)}$	$= 10^{4}$ (ガウス)	$= 10^{4}$ (ガウス)	$= c^{-1} \times 10^{4}$
自己インダクタンス	L	ヘンリー (henry)	H	$= 10^{9}$ (cm)	$= 10^{9}$	$= c^{-2} \times 10^{9}$
相互インダクタンス	M					
磁極の強さ (磁荷)	m	アンペア回数メートル	A·m $\mathrm{(A_t \cdot m)}$	$= 10$	$= 10$	$= c^{-1} \times 10$
磁気モーメント[1]	m	アンペア回数平方メートル	$\mathrm{A \cdot m^2}$ $\mathrm{(A_t \cdot m^2)}$	$= 10^{3}$	$= 10^{3}$	$= c^{-1} \times 10^{3}$
磁気誘導容量	μ	ヘンリー毎メートル	H/m	$= \frac{1}{4\pi} \times 10^{7}$	$= \frac{1}{4\pi} \times 10^{7}$	$= \frac{1}{4\pi c^{2}} \times 10^{7}$

表の係数は MKSA 単位で表された数値を CGS 単位に直すときにかける因数に等しい.

[1] E-H 対応系では磁気モーメントの単位は　$1\mathrm{Wb \cdot m} = \frac{1}{4\pi} \times 10^{10}\mathrm{emu} = \frac{1}{4\pi c} \times 10^{8}\mathrm{esu}$

A.4 rad と ° の関係

度	0°	30°	45°	60°	90°	120°	150°	180°	270°	360°
rad	0	$\frac{\pi}{6}$	$\frac{\pi}{4}$	$\frac{\pi}{3}$	$\frac{\pi}{2}$	$\frac{2\pi}{3}$	$\frac{5\pi}{6}$	π	$\frac{3\pi}{2}$	2π

A.5 倍数・分数を表す接頭語

呼称	記号	大きさ
エクサ	E	10^{18}
ペタ	P	10^{15}
テラ	T	10^{12}
ギガ	G	10^{9}
メガ	M	10^{6}
キロ	k	10^{3}
ヘクト	h	10^{2}
デカ	da	10
デシ	d	10^{-1}
センチ	c	10^{-2}
ミリ	m	10^{-3}
マイクロ	μ	10^{-6}
ナノ	n	10^{-9}
ピコ	p	10^{-12}
フェムト	f	10^{-15}
アト	a	10^{-18}

1. $\mathrm{cm}^3 = (\mathrm{cm})^3 \neq \mathrm{c} \cdot \mathrm{m}^3$
2. 接頭語は重複して用いない．
   $\mathrm{Mg} = 10^6\mathrm{g} = 10^3\mathrm{kg}$，kkg は不可．
3. 接頭語の μ と混同することを避けるため，長さ単位として従来用いられたミクロン (μ) は μm とすること．
4. 用い方の例
   $\mathrm{W}/(\mathrm{m} \cdot \mathrm{K}) = \mathrm{W} \cdot \mathrm{m}^{-1} \cdot \mathrm{K}^{-1}$
   不可の例：W/m/K または W/m·K

A.6 ギリシャ文字

Α	α	alpha	アルファ
Β	β	beta	ベータ
Γ	γ	gamma	ガンマ
Δ	δ	delta	デルタ
Ε	ε, ϵ	epsilon	{ イプシロン / エプシロン
Ζ	ζ	zeta	ゼータ
Η	η	eta	エータ，イータ
Θ	θ	theta	シータ，テータ
Ι	ι	iota	イオタ
Κ	κ	kappa	カッパ
Λ	λ	lambda	ラムダ
Μ	μ	mu	ミュー
Ν	ν	nu	ニュー
Ξ	ξ	xi	グザイ，クシー
Ο	o	omicron	オミクロン
Π	π	pi	パイ，ピー
Ρ	ρ	rho	ロー
Σ	σ, ς	sigma	シグマ
Τ	τ	tau	タウ
Υ	υ	upsilon	ウプシロン
Φ	ϕ, φ	phi	ファイ，フィー
Χ	χ	chi	カイ，キー
Ψ	ψ	psi	プサイ，プシー
Ω	ω	omega	オメガ

付録 B

定数表

B.1 基礎自然定数表

量	数値	MKSA 単位系
真空中の光速度 (c)	2.99792458×10^{8}	$\mathrm{m \cdot s^{-1}}$
電気素量 (e)	$1.6021764 \times 10^{-19}$	C
アヴォガドロ数 (N_{A})	6.022141×10^{23}	$\mathrm{mol^{-1}}$
電子の静止質量 (m_{e})	9.109382×10^{-31}	kg
陽子の静止質量 (m_{p})	$1.6726216 \times 10^{-27}$	kg
中性子の静止質量 (m_{n})	$1.6749272 \times 10^{-27}$	kg
ファラデー定数 ($F = N_{\mathrm{A}} \cdot e$)	9.648533×10^{4}	$\mathrm{C \cdot mol^{-1}}$
電子の比電荷 (e/m_{e})	1.7588201×10^{11}	$\mathrm{C \cdot kg^{-1}}$
プランクの定数 (h)	6.626068×10^{-34}	$\mathrm{J \cdot s}$
リュードベリ定数 (R_{∞})	$1.0973735685 \times 10^{7}$	$\mathrm{m^{-1}}$
ボーア半径 (a_0)	$5.29177208 \times 10^{-11}$	m
気体定数 (R)	8.3144	$\mathrm{J \cdot K^{-1} \cdot mol^{-1}}$
理想気体の標準体積 (V_0)	2.24139×10^{-2}	$\mathrm{m^{3} \cdot mol^{-1}}$
ボルツマン定数 (k)	1.38065×10^{-23}	$\mathrm{JK^{-1}}$
万有引力定数 (G)	6.674×10^{-11}	$\mathrm{N \cdot m^{2} \cdot kg^{-2}}$

国立天文台編「理科年表 平成 21 年」丸善 による.

B.2　わが国各地の重力測定値

地名	緯度 (φ)	経度 (λ)	高さ (H)	重力実測値 ($\mathrm{m/s^2}$)
			m	
札幌	43° 4.3′	141° 20.7′	15.	9.8047757
青森	40 39.2	140 46.3	3.45	9.8031106
盛岡	39 41.8	141 10.0	153.67	9.8018971
仙台	38 14.9	140 50.8	140.	9.8006583
福島	37 45.4	140 28.5	68.	9.8000796
前橋	36 24.1	139 3.8	111.21	9.7982970
川越	35 53.2	139 31.8	7.81	9.7984491
東京	35 38.6	139 41.3	28.	9.7976319
千葉	35 38.0	140 6.5	21.	9.7977604
箱根	35 14.4	139 3.8	427.	9.7970929

B.3　水の粘度と動粘度

温度 (°C)	η (cP)	ν ($\mathrm{m^2 \cdot s^{-1}}$)	温度 (°C)	η (cP)	ν ($\mathrm{m^2 \cdot s^{-1}}$)
0	1.792	$1.792^{\times 10^{-6}}$	40	0.653	$0.658^{\times 10^{-6}}$
5	1.520	1.520	50	0.548	0.554
10	1.307	1.307	60	0.467	0.475
15	1.138	1.139	70	0.404	0.413
20	1.002	1.0038	80	0.355	0.365
25	0.890	0.893	90	0.315	0.326
30	0.797	0.801	100	0.282	0.295

DIN 51 550，JIS Z 8 803 による．

B.4　水の密度

1 気圧のもとにおける水の密度は 3.98°C において最大である（単位は $\mathrm{g/cm^3}$）

温度 (°C)	0	1	2	3	4	5	6	7	8	9
0	0.99984	0.99990	0.99994	0.99996	0.99997	0.99996	0.99994	0.99990	0.99985	0.99978
10	0.99970	0.99961	0.99949	0.99938	0.99924	0.99910	0.99894	0.99877	0.99860	0.99841
20	0.99820	0.99799	0.99777	0.99754	0.99730	0.99704	0.99678	0.99651	0.99623	0.99594
30	0.99565	0.99534	0.99503	0.99470	0.99437	0.99403	0.99368	0.99333	0.99297	0.99259
40	0.99222	0.99183	0.99144	0.99104	0.99063	0.99021	0.98979	0.98936	0.98893	0.98849
50	0.98804	0.98758	0.98712	0.98665	0.98618	0.98570	0.98521	0.98471	0.98422	0.98371
60	0.98320	0.98268	0.98216	0.98163	0.98110	0.98055	0.98001	0.97946	0.97890	0.97834
70	0.97777	0.97720	0.97662	0.97603	0.97544	0.97485	0.97425	0.97364	0.97303	0.97242
80	0.97180	0.97117	0.97054	0.96991	0.96927	0.96862	0.96797	0.96731	0.96665	0.96600
90	0.96532	0.96465	0.96397	0.96328	0.96259	0.96190	0.96120	0.96050	0.95979	0.95906

G.S.Kell，J.Chem. Eng. Data 20 (1975) による．
温度は t_{68}

B.5　水銀の密度

（単位は g/cm^3）

温度 (°C)	0	1	2	3	4	5	6	7	8	9
0	13.5951	13.5926	13.5902	13.5877	13.5852	13.5828	13.5803	13.5778	13.5754	13.5729
10	13.5705	13.5680	13.5655	13.5631	13.5606	13.5582	13.5557	13.5533	13.5508	13.5483
20	13.5459	13.5434	13.5410	13.5385	13.5361	13.5336	13.5312	13.5287	13.5263	13.5238
30	13.5214	13.5189	13.5165	13.5141	13.5116	13.5092	13.5067	13.5043	13.5018	13.4994
40	13.4970	13.4945	13.4921	13.4896	13.4872	13.4848	13.4823	13.4799	13.4774	13.4750
50	13.4726	13.4701	13.4677	13.4653	13.4628	13.4604	13.4580	13.4555	13.4531	13.4507
60	13.4483	13.4458	13.4434	13.4410	13.4385	13.4361	13.4337	13.4313	13.4288	13.4264
70	13.4240	13.4216	13.4191	13.4167	13.4143	13.4119	13.4095	13.4070	13.4046	13.4022
80	13.3998	13.3974	13.3949	13.3925	13.3901	13.3877	13.3853	13.3829	13.3804	13.3780
90	13.3756	13.3732	13.3708	13.3684	13.3660	13.3635	13.3611	13.3587	13.3563	13.3539

B.6　弾性に関する定数

物質	ヤング率 E (N/m^2)	ずれ弾性率 G (N/m^2)	ポアソン比 σ	体積弾性率 k (N/m^2)	圧縮率 κ (m^2/N)
	$\times 10^{10}$	$\times 10^{10}$		$\times 10^{10}$	$\times 10^{-11}$
亜鉛	10.84	4.34	0.249	7.20	1.4
アルミニウム	7.034	2.61	0.345	7.55	1.33
金	7.8	2.7	0.44	21.7	0.46
銀	8.27	3.03	0.367	10.36	0.97
黄銅 (真鍮)[1]	10.06	3.73	0.350	11.18	0.89
スズ	4.99	1.84	0.357	5.82	1.72
ジュラルミン	7.15	2.67	0.335	–	–
チタン	11.57	4.38	0.321	10.77	0.93
鉄 (軟)	21.14	8.16	0.293	16.98	0.59
鉄 (鋳)	15.23	6.0	0.27	10.95	0.91
鉄 (鋼)	20.1~21.6	7.8~8.4	0.28~0.30	16.5~17.0	0.61~0.59
銅	12.98	4.83	0.343	13.78	0.72
ニッケル	19.9~22.0	7.6~8.4	0.30~0.32	17.7~18.0	0.57~0.53
白金	16.8	6.1	0.377	22.8	0.44
リン青銅[2]	12.0	4.36	0.38	–	–

1) 70Cu, 30Zn　2) 92.5Cu, 7Sn, 0.5P

B.7 主要なスペクトル線

(単位は nm)

H		
656.28	H_α	赤
486.13	H_β	青緑
434.05	H_γ	青紫
410.17	H_δ	紫
397.01	H_σ	紫

He	
706.52	赤
667.82	赤
587.56	黄
501.57	緑
492.19	青緑
471.31	青
402.62	紫
388.87	紫

Li	
670.79	赤
610.36	橙
460.20	青

Ne	
650.65	赤
640.23	橙
638.30	橙
626.65	橙
621.73	橙
614.31	橙
588.19	橙
585.25	黄

Na	
589.592 (D_1)	橙
588.995 (D_2)	橙

K	
769.90	赤
766.49	赤
404.72	紫
404.42	紫

Ca	
558.87	黄
422.67 (帯)	紫
396.85	紫
393.37	紫

Cd	
643.84696	赤
508.58	緑
479.99	青緑
467.82	青
466.24	(467.82 と共に) 青
441.46	青紫

Sr	
460.73 (帯)	青

Hg	
623.44	橙
579.07	黄
576.96	黄
546.07	黄緑
491.60 (弱)	青緑
435.84	青紫
434.75	青紫
407.78	紫
404.66	紫

可視光の色	
770 以上	赤外
770–647	赤
647–588	橙
588–550	黄
550–492	緑
492–455	青
455–360	紫
360 以下	紫外

国際Å とは，15°C，1 気圧の乾いた空気中での Cd の赤線を 6438.4696 Å と定めたものである．

B.8　電磁波の波長による分類

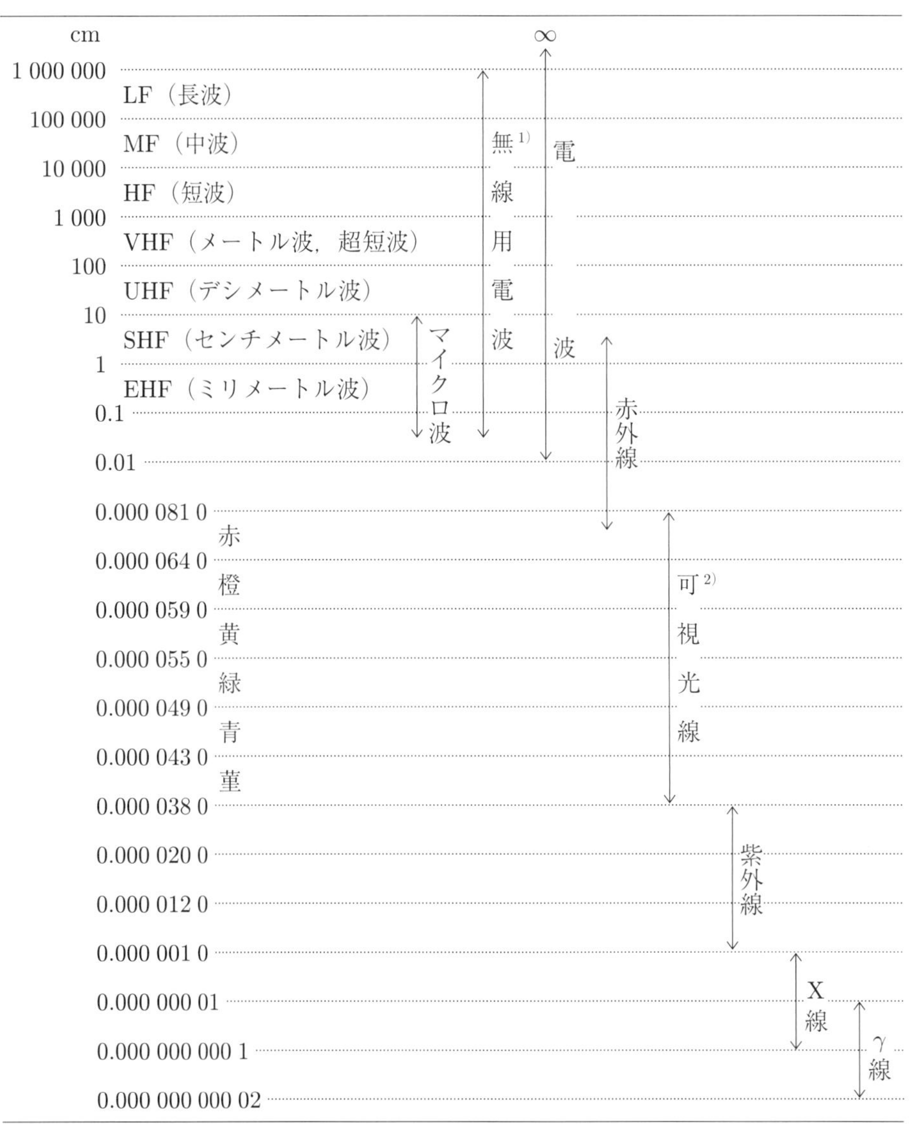

1）長波，中波などの限界が若干この表と違うように分類することもある．

2）可視光線の限界ならびに色の境界は人の眼によって違う．ここには大略の値があげてある．

付録 C

物理学実験参考書

物理学テキスト

- 原康夫著「第 4 版　物理学基礎」学術図書出版社
- 原康夫著「詳解物理学」東京教学社
- R. A. Serway 著　松村博之訳「科学者と技術者のための物理学　Ia, Ib, II, III」学術図書出版社
- 高橋正雄著「工科系の基礎物理学」東京教学社
- D. Halliday, R. Resnick and J. Walker 共著　野﨑光昭監訳「物理学の基礎　1. 力学，2. 波・熱，3. 電磁気学」培風館

物理学実験全般

- 物理学実験指導書編集委員会編「物理学実験　第 4 版」学術図書出版社

年表・辞典

- 国立天文台編「理科年表」丸善
- 「理化学辞典第 5 版」岩波書店
- 「物理学辞典　三訂版」培風館

著　者（五十音順）

金長 正彦　（防衛医科大学校 医学教育部 医学科物理学 助教）
古賀 潤一郎（早稲田大学 理工学研究所 招聘研究員）
柴田 絢也　（東洋大学 理工学部 電気電子情報工学科 教授）
田代 徹　　（愛知工科大学 工学部 基礎教育 准教授）
中野 秀俊　（東洋大学 理工学部 電気電子情報工学科 教授）
本橋 健次　（東洋大学 理工学部 生体医工学科 教授）
本山 美穂　（東洋大学 理工学部 非常勤講師）
物部 秀二　（東洋大学 理工学部 機械工学科 准教授）
吉本 智巳　（東洋大学 理工学部 電気電子情報工学科 教授）

物理学実験

2011年9月30日　第1版　第1刷　発行
2013年3月30日　第1版　第2刷　発行
2015年3月30日　第2版　第1刷　発行
2017年3月30日　第3版　第1刷　発行
2019年3月30日　第4版　第1刷　発行
2023年3月30日　第4版　第3刷　発行

編　者　東洋大学理工学部物理学教室
発行者　発田和子
発行所　株式会社 学術図書出版社

〒113−0033　東京都文京区本郷5丁目4の6
TEL 03−3811−0889　振替 00110−4−28454
印刷　三松堂（株）

定価は表紙に表示してあります．

Printed in Japan
ISBN978−4−7806−1086−4　C3042

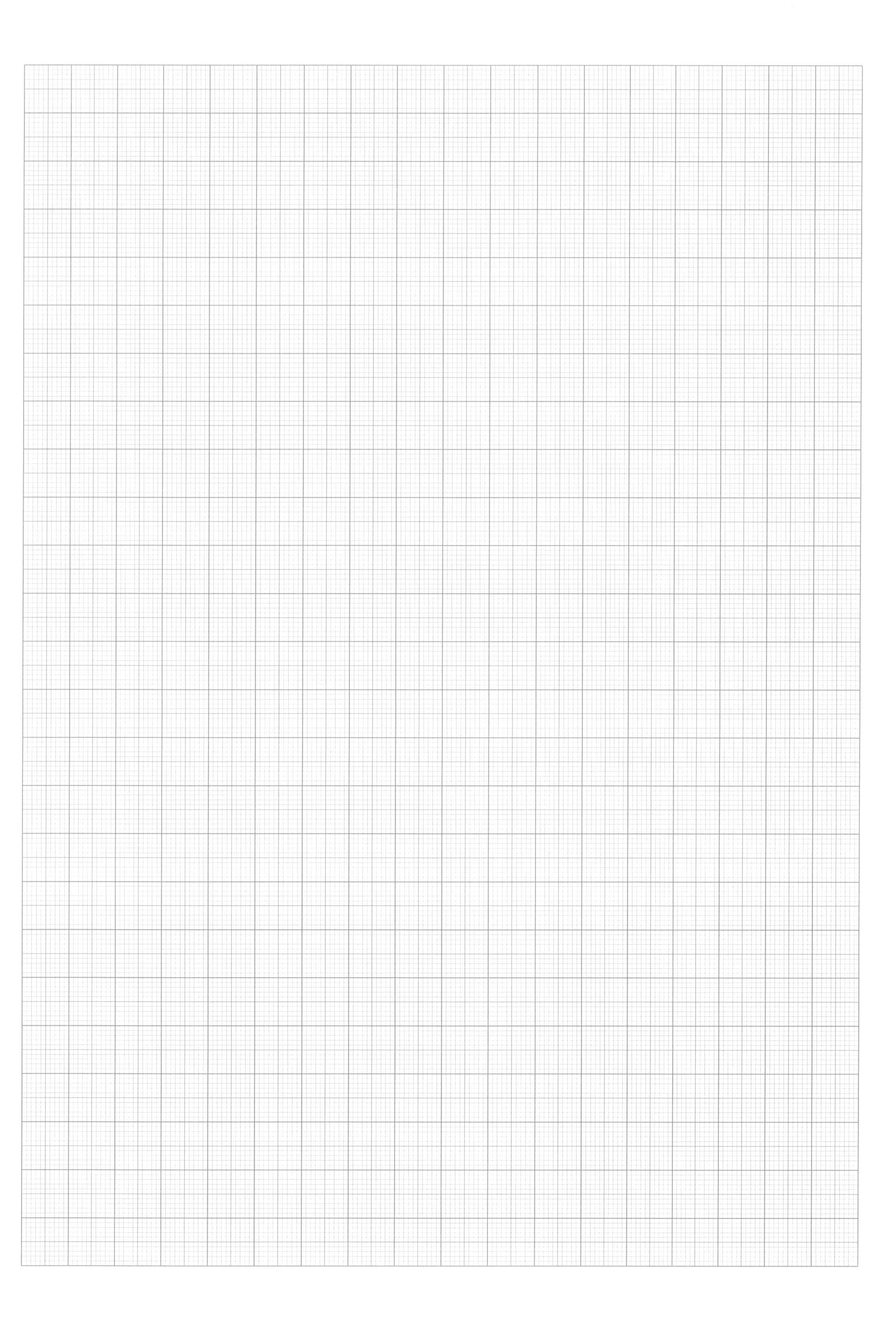

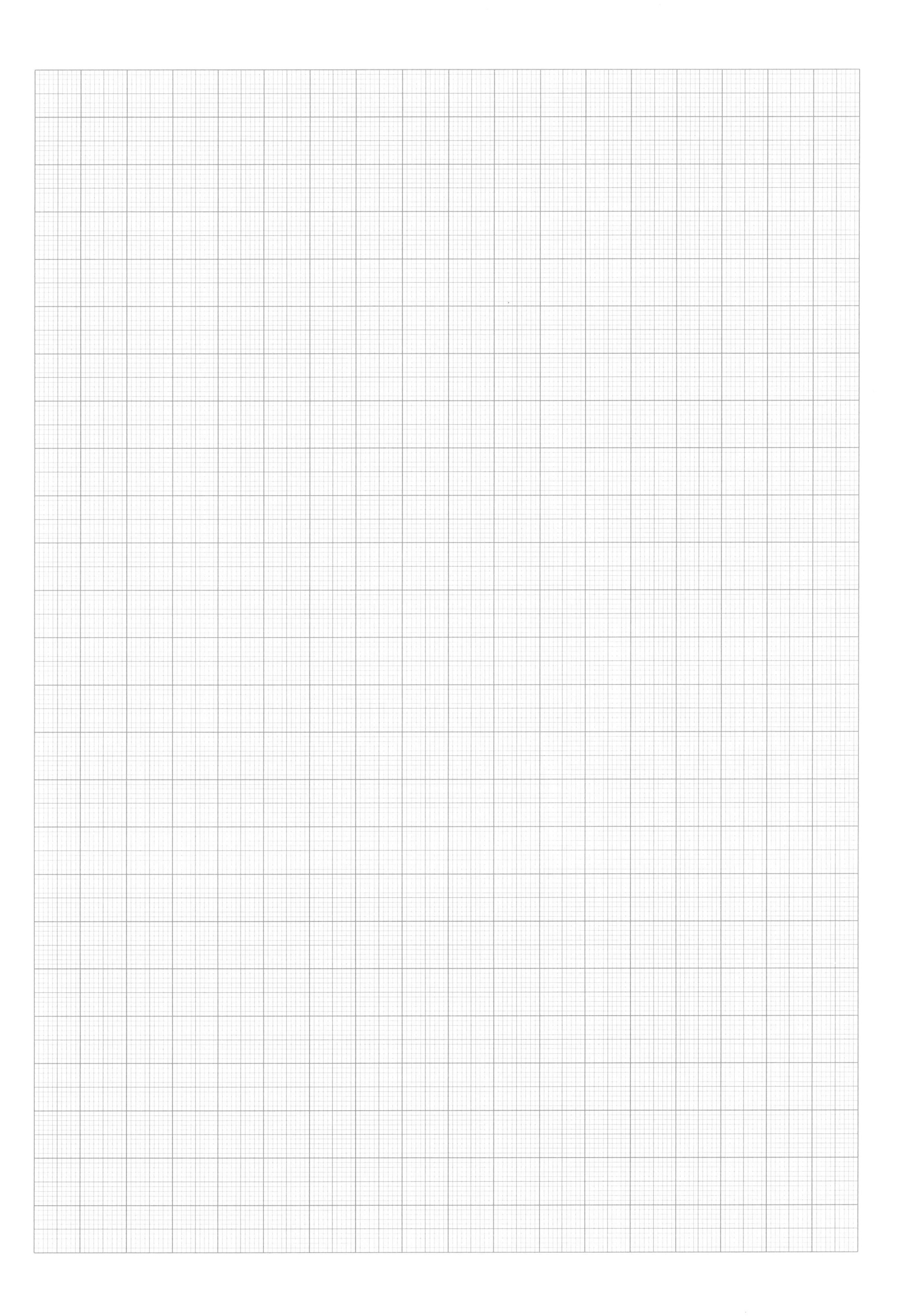

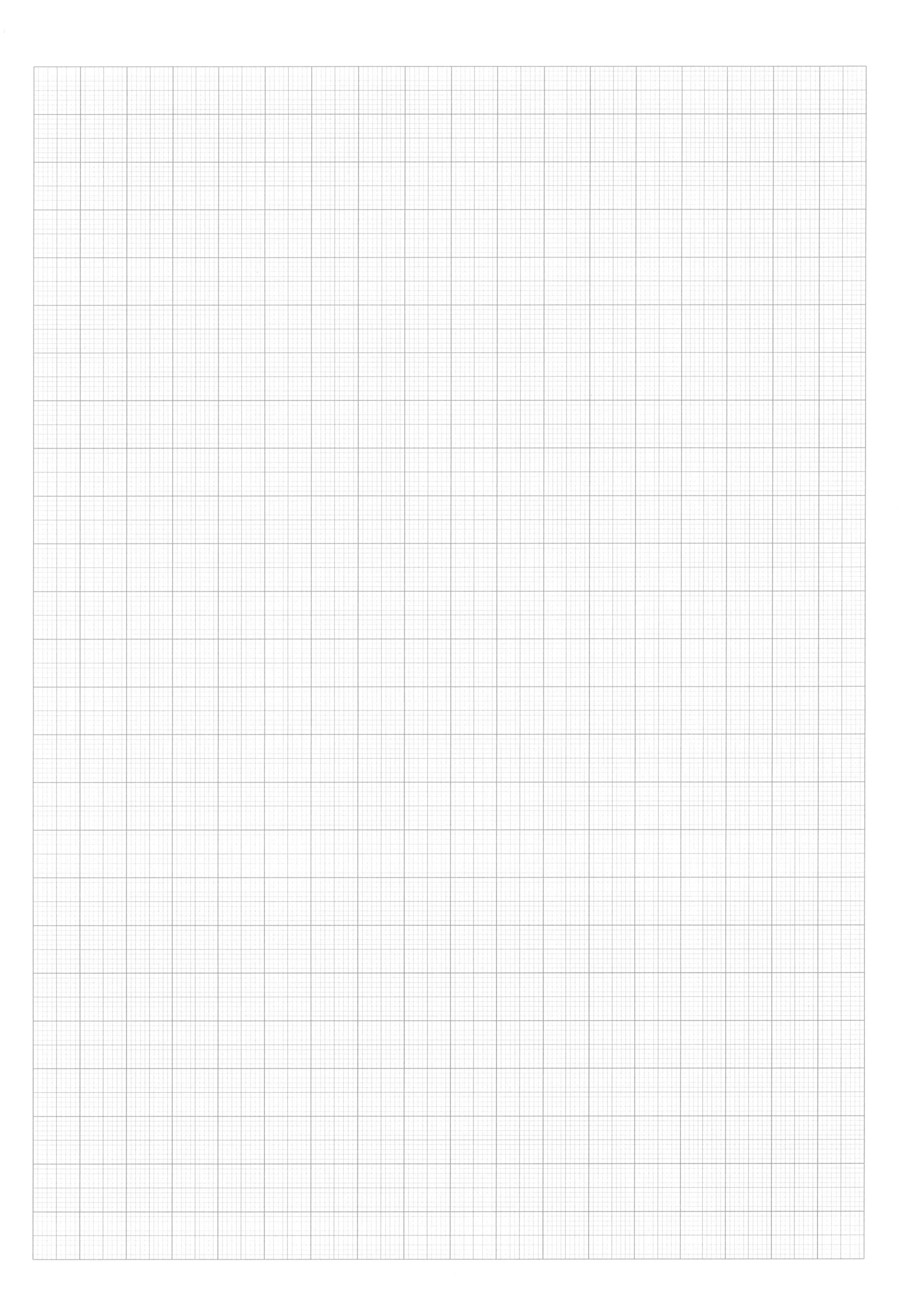

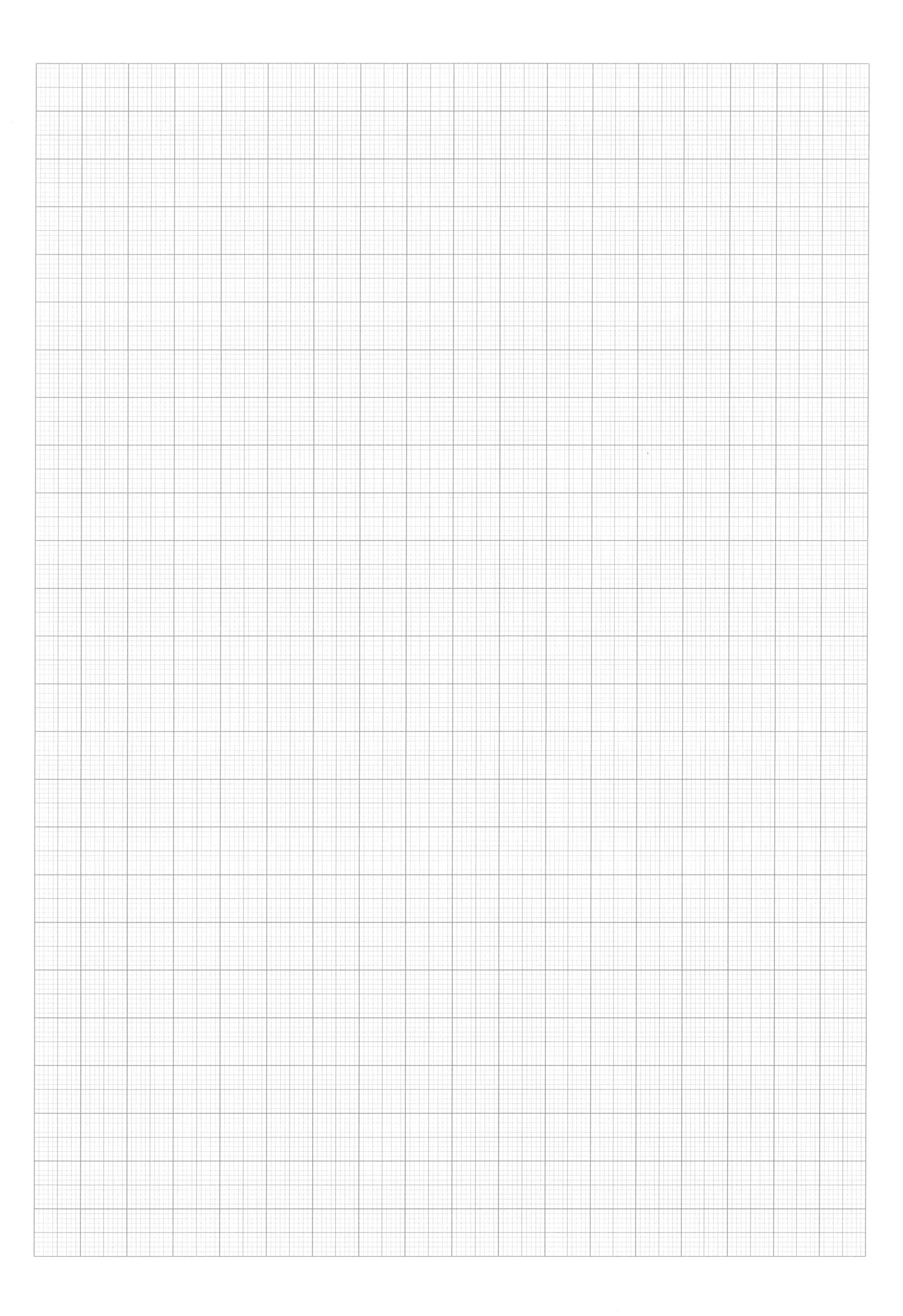

物理学実験受講確認票

学籍番号＿＿＿＿＿＿＿＿＿＿

氏名＿＿＿＿＿＿＿＿＿＿

1.物質の密度の測定	2.自由落下の実験	3.振り子による重力加速度の測定
4.等電位線の測定	5.ヤング率の測定	6.棒磁石における磁束分布の測定
7.平行平面コンデンサーにはたらく力の測定	8.電子の比電荷の測定	9.マイクロ波の実験
10.導体の抵抗の温度係数の測定	11.ニーベンの方法による熱伝導率の測定	12.交流電圧の重ね合わせ—オシロスコープ
13.トランジスタの電気的特性の測定	14.気柱共鳴の実験	15.回折格子の格子定数とスペクトル線の波長の測定
16.プランク定数の測定		

実験終了後に担当教員より検印を押してもらって下さい．
すべての実験が終了した段階で，最終レポートと一緒に，
この表を提出して下さい．